计算工程光学

（Python 版）

张金刚　聂云峰　付强　王雄智　编著

西安电子科技大学出版社

内 容 简 介

计算工程光学是指将传统工程光学理论以数值计算的方法进行全新解读，以强化经典光学理论与新兴智能计算技术的有机融合，有效解决光学设计与制造过程中遇到的瓶颈难题。本书共 4 章，包括 Python 基础、几何光学基础、光学成像系统设计和物理光学基础等内容。其中，第 1 章介绍 Python 语言的语法基础和数据类型以及与工程光学相关的标准库函数等；第 2 章和第 3 章以几何光学为基点，介绍基本光学理论的编程实现方法、近轴和实际光线追迹方法、光学像差数值分析和成像系统评价方法，详细介绍光学系统设计和优化实现的方法；第 4 章介绍基本物理光学概念和编程实现方法，以傅里叶变换为基础介绍标量衍射理论，从波像差的角度分析光学系统成像的性能，以衍射光学元件为例说明前沿光学设计方法和工程光学应用案例。

本书可作为高等院校光学工程、机械电子、仪器仪表、光电信息及其他相关专业的教材，也可供相关技术人员阅读和参考。

图书在版编目(CIP)数据

计算工程光学：Python 版 / 张金刚等编著. −− 西安：西安电子科技大学
出版社，2023.07
ISBN 978 − 7 − 5606 − 6708 − 9

Ⅰ. ①计… Ⅱ. ①张… Ⅲ. ①工程光学—数值计算—计算机辅助计算
Ⅳ. ①TB133

中国版本图书馆 CIP 数据核字(2022)第 234573 号

策　　划　陈　婷
责任编辑　阎　彬
出版发行　西安电子科技大学出版社(西安市太白南路 2 号)
电　　话　(029)88202421　88201467　　　邮　编　710071
网　　址　www. xduph. com　　　　　　　电子邮箱　xdupfxb001@163.com
经　　销　新华书店
印刷单位　陕西天意印务有限责任公司
版　　次　2023 年 7 月第 1 版　2023 年 7 月第 1 次印刷
开　　本　787 毫米×960 毫米　1/16　印张　14.5
字　　数　287 千字
印　　数　1～3000 册
定　　价　38.00 元
ISBN 978 − 7 − 5606 − 6708 − 9 / TB

XDUP 7010001 − 1

＊＊＊如有印装问题可调换＊＊＊

前　　言

工程光学是高等院校物理、电子信息、机械类专业广泛开设的课程，主要讲授几何光学和物理光学的基础知识及其在工程实践中的应用。计算机技术的不断发展，尤其是人工智能技术带来的全新变革，为工程光学这一传统学科带来更多的发展机遇。然而，高等院校工程光学专业教学明显滞后于计算技术的发展，传统的工程光学教材侧重理论知识和公式计算，缺乏数值计算和编程实践，这在一定程度上造成了从工程理论到工程应用的鸿沟。为了弥补现有工程光学教材在数值计算及编程实践方面的缺憾，本书从计算视角切入，将工程光学的理论知识和计算编程深度结合，以期推动工程光学教学从理论到实践的协调同步发展。

本书选择 Python 语言作为实例的计算平台。Python 语言具有免费开源、易于学习和维护等优势，适宜初学者快速掌握。同时，Python 社区拥有广泛的开发者社区基础，库资源丰富，能帮助科研工作者快速实现模块化的开发。正因如此，近年来流行的深度学习、人工智能等技术多以 Python 语言为基础来实现，促进了不同学科对这些新技术的快速适应和应用，工程光学也不例外。

全书共 4 章。第 1 章是 Python 基础，介绍工程光学中常用的一些标准库及其使用方法，对 Python 语言熟悉的读者可略过此章。第 2 章是几何光学基础，介绍光的波粒二象性和几何光学理论。第 3 章是光学成像系统设计，介绍近轴光学、实际光学系统、像差理论和光学系统优化。第 4 章是物理光学基础，介绍光的基本电磁理论、光的干涉、光的偏振、光的反射与折射、标量衍射理论、光学成像系统和衍射光学元件。

本书源于中国科学院大学智能成像中心科研团队长期的科学研究和工程应用实践，结合开设的"智能成像技术及其 Python 实现"课程编写而成。在利用本书授课时，建议同时开设上机实验内容，以便更好地掌握理论知识和编程技能。

计算工程光学涉及知识面较广、相关学科较多，限于编者水平有限，书中难免存在不妥之处，敬请专家、同行和读者批评指正。

编　者
2023 年 1 月

目　　录

第 1 章　Python 基础

1.1　认识 Python

　　Python 诞生于 20 世纪 80 年代。1989 年圣诞节期间，荷兰科学家吉多·范罗苏姆（Guido van Rossum）（图 1.1）为了打发时间，决心开发一个新的解释型脚本语言，替代 ABC 语言。他之所以选"Python"（大蟒蛇的意思）作为该编程语言的名字，因为他是 BBC 当时正在热播的喜剧 *Monty Python's Flying Circus* 的爱好者。Python 的第一个公开发行版发行于 1991 年，它是纯粹的自由软件，源代码和解释器（CPython）都遵循 GPL（GNU General Public License）协议。

图 1.1　Python 之父 Guido

　　Python 是一种解释型的、面向对象的、带有动态语义的高级编程语言，是当今主流的编程语言之一。对比其他编程语言，Python 具有以下 10 大特点：

　　（1）免费开源。Python 编程语言的特点之一就是开源，也就是说每个人都可以构建和修改它。

（2）易于学习。简洁的语法、动态的类型、无需编译、丰富的库支持等特性使得程序员可以快速地进行项目开发。

（3）易于维护。Python 秉承了简洁、清晰的语法以及高度一致的编程模式。始终如一的设计风格可以保证开发者开发出相当规范的代码。

（4）强大的标准库。Python 标准库包含用于日常编程的一系列模块，随 Python 标准版提供，无需额外安装。

（5）互动模式。Python 支持用户通过 CMD 命令行窗口或者 IDEL 实现相关代码执行，并即时返回运行结果。

（6）可扩展。Python 的部分代码可以用 C 或 C＋＋来编写。这并不能增强语言（语法、结构等），但是可以让使用者把 Python 和其他语言开发的库连接起来。

（7）可移植。Python 是一种跨平台的编程语言，这意味着建立在 Mac OSX 上的 Python 应用程序可以在 Linux 操作系统上运行，反之亦然。只需安装 Python 解释器，Python 程序就可以在各种系统上运行，包括 Windows、Linux、Unix 和 Macintosh。

（8）面向对象程序设计语言。一方面，面向对象程序设计语言可以对现实世界进行建模，它是面向对象的，并集成了数据和函数。另一方面，面向过程的语言围绕着函数展开，函数是可重复使用的代码片段。

（9）解释性语言。有些编程语言有两种类型的代码转换器用于语言转换，即解释器和编译器。编译器会编译整个程序，而解释器会逐行转换代码。Python 使用了解释器，这意味着它的代码是逐行执行的，因此更易于调试。

（10）GUI 编程。Python 可以使用 PyQt5、PyQt4、wxPython 等模块来创建图形用户界面，为设计图形用户界面提供了很多可能性。

基于 Python 的这些特点，近年来，Python 在云计算开发、运维开发、人工智能、数据分析挖掘、网络爬虫开发、金融分析等领域得到了广泛应用。

1.1.1　Python 应用场景

1. 网站开发

Python 附带的各种各样的框架和内容管理系统（CMS）可以简化 Web 开发人员的工作。这些网络开发框架的热门示例包括 Flask、Django、Pyramid、Bottle，著名的内容管理系统包括 Django CMS、PloneCMS 和 Wagtail。

2. 自动化运维

Python 是一门综合性的语言，能满足绝大部分的自动化运维需求，前端和后端都可以进行自动化运维。从事自动化运维应从设计、框架选择、灵活性、扩展性、故障处理以及如何优化等层面进行学习。

3. 网络爬虫

爬虫主要是用于从网络上获取有用的数据或信息，可以节省大量的人工时间。能够编写网络爬虫的编程语言不少，但 Python 绝对是其中的主流之一。Python 自带的 urllib 库、第三方的 requests 库和 Scrappy 框架使开发爬虫变得非常容易。

4. 人工智能与机器学习

Python 的稳定性和安全性使其成为处理大数据以及构建机器学习系统的理想编程语言。最流行的神经网络框架如 Facebook 的 PyTorch 和 Google 的 TensorFlow 都采用了 Python 语言。

5. 数据科学与数据可视化

随着 NumPy、SciPy、Matplotlib 等众多程序库的开发和完善，Python 更加适合于科学计算和数据分析了。它不仅支持各种数学运算，还可以绘制高质量的 2D 和 3D 图像。和科学计算领域最流行的商业软件 Matlab 相比，Python 比 Matlab 所采用的脚本语言的应用范围更广泛，可以处理更多类型的文件和数据。

6. 金融分析

Python 包括 NumPy、Pandas、SciPy 等库，对于常见的金融分析策略（如"双均线""周规则交易""羊驼策略""Dual Thrust 交易策略"等）的实现非常便捷。

1.1.2　解释器和编译器

（1）解释器。解释器像一个同声传译员，它的作用是将高级语言实时转化成机器能够理解的机器语言，具体过程如图 1.2 所示。所有解释型高级语言都有对应的解释器，Python 语言对应的解释器为 Python，目前最新版本是 3.11。

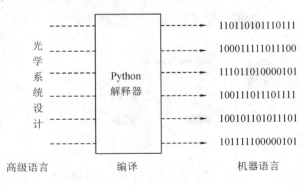

图 1.2　解释器含义

（2）编译器。编译器是用来编写代码的工具。和编辑文档需要用 Word，处理数据需要用

Excel，做演示文稿需要用 PPT，修图需要用 PS 一样，编写代码也需要特定的工具。Python 语言对应的编译器有 Python 解释器自带的 IDLE，基于 iPython 的 Jupyter Notebook 以及 PyCharm、Spyder、Vscode 等。

1.1.3　Python 的安装

Python 由于其跨平台性，可以运行在 Windows、Linux、Mac 等系统上，下面以在 Windows 系统上运行为例进行环境搭建。

（1）下载包含 Python 解释器的 Anaconda（如图 1.3（a）所示）及 Python 编译器 PyCharm（如图 1.3（b）所示）。

(a) Anaconda

(b) PyCharm

图 1.3　Anaconda 和 PyCharm 下载界面

（2）安装 Python 解释器 Anaconda，详细安装步骤如图 1.4 所示。

图 1.4　Anaconda 安装步骤

（3）安装并配置 PyCharm，详细安装和配置步骤如图 1.5 和图 1.6 所示。

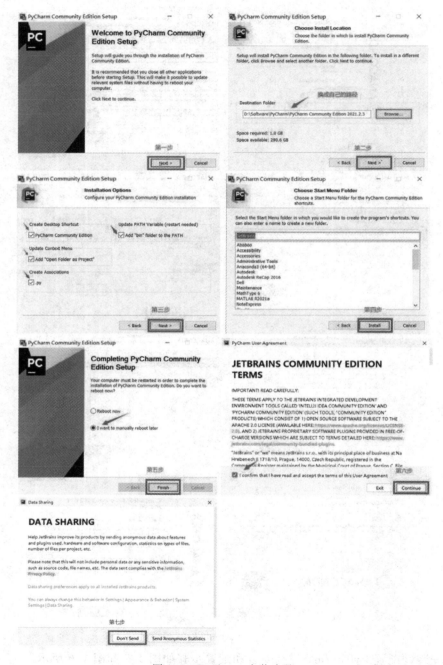

图 1.5　PyCharm 安装步骤

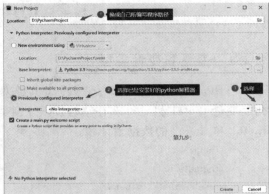

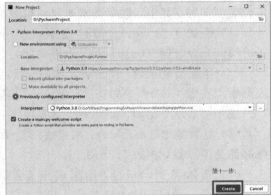

图 1.6　PyCharm 配置步骤

1.2　Python 语法基础

1.2.1　变量和变量类型

Python 中的变量用来存储数据，其类型和值在赋值时被初始化。在下面代码中，两个角度变量 theta1 和 theta2 存储的数据分别是 20 和 30，角度之和变量 result 存储的数据是 theta1 和 theta2 的数据累计和。

```
theta1＝20
theta2＝30
result＝theta1＋theta2
```

变量类型主要有数字类型、布尔类型、字符串类型、列表类型、元组类型、字典类型和集合类型 7 种。其中，数字类型中包括整数类型、复数类型、浮点型。

（1）整数类型（int）：简称整型，它用于表示整数。代码中的整型可以用二进制（0b10100）、八进制（0o10111）、十进制（64）、十六进制（0x14）形式表示。

（2）浮点型（float）：用于表示实数。浮点型字面值可用十进制或科学计数法表示，表示规则为＜实数＞E/e＜整数＞。E 或 e 表示基是 10，后面的整数表示指数，指数的正负使用"＋"或"－"表示。比如，$5.3e5＝5.3\times10^5$。

（3）复数类型（complex）：用于表示数学中的复数，复数由实部和虚部(j)构成，实部和虚部都是浮点型，例如 5.3＋3.3j。

（4）布尔类型（bool）：用来表示真假，只有两个取值，即 True 或者 False。例如，bool(statement)可用来判断括号中语句的真假。当语句为真时，返回 True；当语句为假时，返回 False。

（5）字符串类型（string）：是一串字符，可以看作文字类型。

列表类型、元组类型、字典类型、集合类型会在后续章节中进行介绍。

1.2.2　标识符和关键字

在现实生活中，人们常用一些名称来标记事物，不同的事物用不同的名称标识。同样地，不同的光学设备仪器也用不同的名称来标识，如图 1.7 所示。

如果要在程序中表示一些事物，那么开发人员就要自定义一些符号和名称，这些符号和名称叫作标识符。标识符制定有以下规则：

（1）标识符由字母、下划线和数字组成，且数字不能作为开头。

（2）Python 中的标识符是区分大小写的。

（3）Python 中的标识符不能使用关键字。

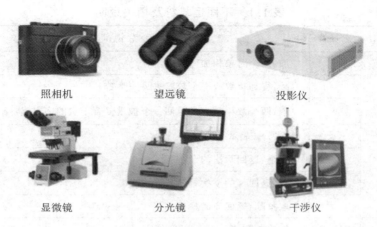

照相机　　　　　　望远镜　　　　　　投影仪

显微镜　　　　　　分光镜　　　　　　干涉仪

图 1.7　不同设备用不同名称标识

关键字指的是具有特殊功能的标识符。一般来说，关键字是 Python 语言已经使用的，不允许开发者定义和关键字相同名称的标识符。常见的关键字有 def、if、try、class 等。

可以通过以下语句来查看 Python 语言的关键字及关键字的说明。

```
>>> help()              ＃进入帮助系统
help> keywords          ＃查看所有的关键字列表
help> return            ＃查看 return 这个关键字的说明
help> quit              ＃退出帮助系统
```

为了规范命名标识符，关于标识符的命名有以下建议：

（1）见名知意：根据标识符名称立刻知道标识符的意思，比如 img（图像）。

（2）驼峰式：即首字母大小写交替，这样能够更好地理解标识符，例如 opticalSystem（光学系统），flLens35（焦距为 35 的镜头）。

1.2.3　运算符

运算符用来执行数据的运算。例如，"＋""－""＊""/"都是运算符，"＝"也是运算符，称为赋值运算符。

Python 主要包含六种运算符，即算数运算符、复合赋值运算符、比较运算符、逻辑运算符、成员运算符、位运算符。其中，算数运算符用来处理数值运算；复合赋值运算符是算数和赋值运算的缩写形式，使得对变量的改变更为简洁，例如 Total＋＝3 等同于 Total＝Total＋3；比较运算符用于比较两个值，其结果是一个逻辑值；逻辑运算符是进行逻辑运算的符号；成员运算符用来判断对象之间的包含关系；位运算符用于对位模式按位或二进制数的一元和二元操作。不同运算符及相关说明如表 1.1 所示。

表 1.1　不同运算符及相关说明

运算符类型	运算符	相 关 说 明
算数运算符	＋	加：两个对象相加
	－	减：得到负数或一个数减去另一个数
	＊	乘：两个数相乘或是返回一个被重复若干次的字符串
	/	除：x/y 表示 x 除以 y
	％	取余：返回除法的余数
	＊＊	幂：返回 x 的 y 次幂
	//	取整除：返回商的整数部分
复合赋值运算符	＋＝	加法并赋值：c＋＝a 等效于 c＝c＋a
	－＝	减法并赋值：c－＝a 等效于 c＝c－a
	//＝	取整除并赋值：c//＝a 等效于 c＝c//a
比较运算符	＝＝	检查两个操作数的值是否相当
	！＝	检查两个操作数的值是否相等
	＞	检查左操作数的值是否大于右操作数的值
	＜	检查左操作数的值是否小于右操作数的值
	＞＝	检查左操作数的值是否大于或等于右操作数的值
	＜＝	检查左操作数的值是否小于或等于右操作数的值
逻辑运算符	and	布尔"与"。x and y，如果 x 为 False，那么返回 False，否则返回 y 的计算值
	or	布尔"或"。x or y，如果 x 为 True，那么返回 True，否则返回 y 的计算值
	not	布尔"非"。not x，如果 x 为 True，那么返回 False，如果 x 为 False，返回 True
成员运算符	in	x in y，如果 x 在指定的序列 y 中找到，那么返回 True，否则返回 False
	not in	x not in y，如果 x 在指定的序列 y 中没有找到，那么返回 True，否则返回 False

运算符类型	运算符	相　关　说　明
位运算符	&	按位与运算符：参与运算的两个值，如果两个相应位都为 1，则改位为 1，否则为 0
	|	按位或运算符：只要对应的两个二进制位有一个为 1，结果位就为 1
	∧	按位异或运算符：当两个对应的二进制位相异时，结果为 1
	～	按位取反运算符：对数据的每个二进制位取反，即把 1 变为 0，把 0 变为 1。～x 类似于−x−1
	<<	左移动运算符：把"<<"右边的运算数的各二进制位全部左移若干位，"<<"右边的数指定移动的位数，高位丢弃，低位补 0
	>>	右移动运算符：把">>"左边的运算数的各二进制位全部右移若干位，">>"右边的数指定移动的位数，高位丢弃，低位补 0

1.3　Python 常用语句

1.3.1　判断语句

判断语句是用来判断给定的条件是否满足，并根据判断的结果（真或假）决定执行结果的语句。

（1）if 语句。if 语句是最简单的条件判断语句，它可以控制程序的执行流程。当输入满足判断条件时，就执行要做的事情，否则就结束程序，即

```
if statement（true）：
        do something
          ⋮
        do something
```

（2）if...else...语句。当输入满足判断条件时，就执行要做的事情，否则就执行 else 的事情，即

```
if statement（true）：
        do something
else：
```

```
        do something else
```

（3）if…elif…elif…语句。if…elif…elif…语句可以用于多个 statement 的判定，满足某一条件就执行该条件下的事情，即

```
    if statement1（true）：
        do something
    elif statement2：
        do something2
    elif statement3：
        do something3
    ⋮
```

（4）if 嵌套 if 语句。if 嵌套 if 语句是指在 if 语句里面包含 if 语句，也就是说 if 下可以继续使用 if 判断是否满足更细分的条件，即

```
    if statement1（true）：
        do something
        if statement2（true）：
            do something
```

1.3.2　循环语句

实际问题中有许多具有规律性的重复操作，因此在程序中就需要重复执行某些语句。被重复执行的语句称为循环体，循环是否需要被重复执行，需要判断其是否满足循环条件。

（1）while 循环。while 循环在每一次循环开始前，首先判断是否满足循环条件，若满足循环条件，则执行循环语句，否则结束循环，即

```
    while statement(true)：
        do this loop
```

（2）for 循环。for 循环可以遍历任何序列的项目。例如，打印列表中的数字，for i in [0,1,2] 这行代码使 Python 从列表中每次取出一个数字，将其赋值给 i，然后打印出来，即

```
    for i in [0,1,2]：
        print(i)
```

也可以用 range 表示序列，即

```
    for i in range(3,6)：
        print(i)
```

1.3.3　break 语句和 continue 语句

break 语句用于结束整个循环。continue 语句表示结束本次循环，紧接着执行下一次循环。执行以下语句，比较 break 语句和 continue 语句的区别。

（1）示例程序：

```
for i in range(5):
    print("—————")
    print (i)
```

（2）break 语句示例：

```
i=1
for i in range(5):
    i+=1
    print("—————")
    if i==3:
        break
    print(i)
```

（3）continue 语句示例：

```
i=1
for i in range(5):
    i+=1
    print("—————")
    if i==3:
        continue
    print(i)
```

示例程序会打印出 0、1、2、3、4 这些数字。示例程序中加了 break 之后，当 i==3 时循环结束，只能打印出 0、1、2 这三个数字。示例程序中加了 continue 之后，会打印出 0、1、2、4 这四个数字，这是因为 i==3 时执行了 continue 语句，并没有打印 3 这个数字，但是循环仍然继续。

1.4　字　符　串

1.4.1　字符串介绍

字符串（String）是一种表示文本的数据类型，可以使用单引号' '和双引号" "表示，但左右两边的符号要一样，不能一边单引号，一边双引号，例如'a' '123' "abc" "string"。使用 input()函数可以实现字符串的格式化输入，使用 print()函数可以向屏幕中输出指定的文字，用%可以控制输出的格式。

（1）字符串输入示例：

```
theta=input("What is the angle of incidence of light")
```

```
print(theta)
```

（2）字符串输出示例：

```
name='refraction'
theta=50
print("The angle of %s is %d." %(name, theta))
```

如果字符串里出现单引号或者双引号这些特殊的符号，则会出现语法错误提醒，即

```
>>>'let's go! go!'
    File "<input>", line 1
        'let's go! go!'
                   ^
SyntaxError: invalid syntax
```

当字符串中出现特殊符号时，需要对它们进行转义才能保证输出正确。例如，对字符串中的单引号进行转义，即

```
>>>'let\'s go! go!'
"let's go! go!"
```

不同转义字符代表的含义如表 1.2 所示。

表 1.2 不同转义字符代表含义

转义字符	代表含义
\（在行尾时）	反斜杠符号
\\	反斜杠符号
\"	双引号
\n	换行
\b	退格
\t	横向制表符

1.4.2 访问字符串

如果要访问（替换、删除）字符串中的某个字符，则需要对字符串中的单个字符进行操作。在 Python 中，字符串中的每个字符都对应一个下标，下标编号从 0 开始。例如，若有字符串 name="abcdef"，则 name[0] 为 a，name[3] 为 d。

符号[:]用来截取字符串中的一部分内容，截取范围为左开右闭。值得注意的是，Python 中允许负数下标。比如，−1 表示最后一个元素。在 Python 中还可以按一定间隔访问数组元素。对于字符串 name="abcdef"，以下例子分别给出了对应的元素，即

```
print(name[0:3]) # abc
print(name[1:-1]) # bcde
print(name[2:]) # cdef
print(name[::-2]) # fdb
```

1.4.3　字符串内建函数

Python 环境已经为我们集成了常用的字符串内建函数，这些字符串内建函数用于字符串操作。字符串定义后，可直接在后面用以下函数进行操作。

（1）find()函数：检测字符串中是否包含子字符串。

（2）index()函数：检测字符串中是否包含子字符串。

（3）replace()函数：将字符串中的旧子字符串替换为新子字符串。

（4）count()函数：统计字符串中某个子字符串的个数。

（5）split()函数：通过指定分隔符对字符串进行切片。

（6）capitalize()函数：使得 str 字符串中的第一个字母大写，其他字母小写。

（7）title()函数：使得 str 字符串中所有单词的首字母大写，其余字母小写。

（8）startswith()函数：检查字符串是否以指定子串开头。

（9）endswith()函数：检查字符串是否以指定子串结尾。

（10）upper()函数：将 str 字符串中的小写字母转为大写字母。

（11）ljust()函数：指定字符串长度进行左对齐，使用指定字符 fillchar 填充至指定长度的新字符串，其中 fillchar 默认为空格。

（12）rjust()函数：指定字符串长度进行右对齐，使用指定字符 fillchar 填充至指定长度的新字符串，其中 fillchar 默认为空格。

（13）center()函数：返回一个指定的宽度 width 居中的字符串。

（14）lstrip()函数：截掉字符串左边的空格或指定字符。

（15）rstrip()函数：截掉字符串右边的空格或指定字符。

（16）strip()函数：截掉字符串左右两边的空格或指定字符。

1.5　复合数据类型

复合数据类型是在基本数据类型的基础上，通过标准类库封装而成的。Python 中有三种重要的复合数据类型，分别是列表、元组和字典。

1.5.1　列表

列表（List）是 Python 中的一种数据结构，它可以存储不同类型的数据。用方括号[]表示列表,元素之间用逗号分隔开。列表的索引是从 0 开始的,可以通过索引的方式访问列表中的值。例如,下面示例中的 A 就是一个列表,列表 A 中可以存储整型、字符串、字符、列表等类型的元素,并且可以使用 A[0]来访问列表 A 中的第一个元素,使用 A[1]来访问列表 A 中的第二个元素。列表也可以嵌套使用,即列表的元素可以是另一个列表。

```
A=[1,' theta ','a',[2,'b']]
print(A[0])
print(A[1])
```

可以使用 for 循环或者 while 循环访问列表中的每一个元素。与 while 循环相比,for循环较简洁,因此推荐使用 for 循环。

(1) for 循环遍历列表示例:

```
for name in namesList:
    print(name)
```

(2) while 循环遍历列表示例:

```
length=len(namesList)
i=0
while i<length:
    print(namesList[i])
    i+=1
```

列表的常见操作有增加、删除、修改、查找元素和列表排序等。

(1) 在列表中增加元素:可以通过以下三个函数来实现。

① append()函数:可以向列表添加新元素,其使用格式为 list. append(object),其中list 表示列表,object 表示新元素。

② extend() 函数:可以将新列表中的元素添加到当前列表中,其使用格式为list. extend(seq),其中 seq 表示新列表。

③ Insert()函数:可以将新元素插入到当前列表固定的索引处,其使用格式为list. insert(index,obj),其中 index 表示要插入的索引位置,obj 为新元素。

(2) 修改列表中的元素:可以指明列表下标,对其重新赋值达到修改列表中某一元素的目的。例如,可以重新对 A[1]进行赋值,从而修改列表 A 中的第二个元素。

(3) 删除列表中的元素:可以通过以下三种函数来实现。

① del()函数:可以删除固定下标的元素,其使用格式为 del list[index]。

② list. pop()函数:可以删除最后一个元素,当我们在括号中指明索引位置时,可以删除固定下标的元素。

③ remove()函数:可以删除固定的元素,其使用格式为 list. remove(obj)。

(4) 查找列表中的元素:使用成员运算符来查找元素。也就是说可以使用成员运算符

来判断元素是否在列表中，in 和 not in 可以检查列表中是否存在某一个元素。例如，列表
A＝['xiaoWang'，'xiaoZhang'，'xiaoLi']中有三个字符串，因为'xiaoWang'这个字符串是在
A 中的，所以'xiaoWang in A'的返回值是 True。

（5）列表排序：可以通过以下两个函数来实现。

① list. sort()函数：可以对字符串列表按首字母顺序从小到大排序。若字符串是数字，
则会按数字顺序从小到大进行排序。

② list. reverse()函数：可以实现列表的逆排序，也可以将 sort 中的 reverse 参数设置
为 true 来实现逆排序。

（6）列表的其他操作。

① len()函数：用于计算列表中元素的个数。

② max()函数：用于计算列表中元素的最大值。

③ min()函数：用于计算列表中元素的最小值。

④ list()函数：可以将其他类型变量强制转换为列表。

1.5.2　元组

元组（Tuple）与列表类似，一个元组中也可以存储不同类型的元素。两者的不同之处在
于元组使用小括号，列表使用方括号，它们最大的不同是元组中的元素是不能被修改的。
可以使用下标索引来访问元组中的值。与列表一样，元组中第一个元素的索引为 0。示例
如下：

```
tup1＝('angle'，'radian'，1997，2000)
tup2＝(1，2，3，4，5 )
print(tup1[0])
print(tup2[1:])
```

元组中的元素是不能被修改的，通过赋值等操作对元组中的元素进行修改时会报错。
示例如下：

```
tup1＝(12，34.56)；
tup2＝('angle'，'radian')
tup1[0]＝100　　 ♯修改元组元素操作会报错！
tup1＝tup1＋tup2 　♯通过＋追加元组
```

和列表一样，可以用 for 循环对元组中的元素进行遍历。示例如下：

```
a_tuple＝(1，2，3，4，5)
for num in a_tuple：
    print(num,end=' ')
```

一些常见的元组方法如表 1.3 所示。

表 1.3　常见的元组方法

方　　法	描　　述
len(tuple)	计算元组元素个数
max(tuple)	返回元组中元素最大值
min(tuple)	返回元组中元素最小值
tuple(seq)	将列表转为元组

1.5.3　字典

字典(Dictionary)是一种存储数据的容器,可以存储多个数据。字典中的每个元素都由键(key)和值(value)两部分组成。字典用花括号{ }表示,格式为{key1:value1,key2:value2,…},示例如下:

info={'angle':50,'length':10,'name':'incidence'}

字典的常见操作有访问键值、修改字典中元素、添加元素、删除字典中的元素、计算字典中键值对的个数、获取字典中键/值、将字典中的键值对转化为元组对、字典的遍历等。

(1) 访问键值。可根据键来访问字典中每一个键对应的值,示例如下:

info={'angle':50,'length':10,'name':'incidence'}

print(info['angle'])

print(info['type'])

print(info['radian'])　　# age 不存在,报错!!!

当字典存储的数据量较大时,无法确定字典中是否存在某个键。若既想获取想要的键对应的值,又不想让程序报错,则可以使用 get()函数返回 None 或默认值,示例如下:

radian=info.get('radian')　　　　# 键存在返回 value,否则为 None

print(radian)　　　　　　　　　# 'age'键不存在,所以 radian 为 None

print(type(radian))　　　　　　 # 'radian'键不存在,所以返回类型为 None

radian=info.get('radian',18)　　 # 若 info 不存在'radian',返回默认值 18

print(radian)

(2) 修改字典中元素。可以通过对特定键对应的值进行重新赋值来达到修改该元素的目的。例如,若想改变'name'键对应的值,则可以对 info 中的'name'重新赋值为'张三',从而改变'name'对应的值,示例如下:

info={'angle':50,'length':10,'name':'incidence'}

info['name']='out'

(3) 添加元素。当在字典中添加新的键值对时,可以指定新的键,并对其赋值,这样就达到了添加新元素的目的。其语法格式和修改字典中元素的格式是相同的,也是 dict[key]=value。

例如，要添加 'radian' 为 8 的键值对，可以使用语句 info['radian']＝8，这样，字典 info 会多一个键为 radian、值为 8 的新元素，示例如下：

info['radian']＝8

（4）删除字典中的元素。可以使用 del 和 clear 来删除字典中的元素。

① del：使用 del dict[key]指定键时，可以删除字典中的某一个元素；不使用 del dict[key]指定键时，就是删除整个字典。

② clear：用于清空字典中的数据，其语法格式为 dict. clear()。

del 和 clear 的不同是，del 删除字典后，字典就完全不存在了；clear 只是用来清除字典，也就是说它删除了字典中所有的元素，但是字典还在。

（5）计算字典中键值对的个数。可用 len()函数计算字典中键值对的个数，示例如下：

dict＝{'angle'：50，'length'：10}
print("Length : %d" % len (dict))

（6）获取字典中键/值。keys()函数用于返回字典中所有可用键的列表。例如，print(dict. keys())输出了字典中所有的键，其类型为列表。values()函数用于返回字典中所有可用值的列表。例如，print(dict. values())输出了字典中所有的值，其类型为列表。示例如下：

dict＝{'angle'：50，'length'：10，'name'：'incidence'}
print(dict. keys())
print(dict. values())

（7）将字典中的键值对转化为元组对。items()函数用于返回字典中所有的键值对元组。例如，print(dict. items())输出了字典中所有的键值对元组，示例如下：

dict＝{'angle'：50，'length'：10，'name'：'incidence'}
print("Value : %s" %　dict. items())

（8）字典的遍历。可以使用 for 循环或者 while 循环来实现字典的遍历。遍历字典中的键可以借助 keys()函数来实现，示例如下：

dict＝{'angle'：50，'length'：10，'name'：'incidence'}
for key in dict. keys():
    print(key)

遍历字典中的值可以借助 values()函数来实现，示例如下：

dict＝{'angle'：50，'length'：10，'name'：'incidence'}
for value in dict. values():
    print(value)

遍历字典中的元素也就是遍历字典中所有的键值对，可以借助 items()函数来实现，示例如下：

dict＝{'angle'：50，'length'：10，'name'：'incidence'}

```
for item in dict.items():
    print(item)
    print(item[0],item[1])
```

通过将 dict 中的键和值分别提取出来来输出键值对,示例如下:

```
dict={'angle':50, 'length':10, 'name':'incidence'}
for key,value in dict.items():
    print("key=%s, value=%s"%(key,value))
```

1.6 函　　数

在实际编程开发中,很多操作都是完全相同或非常相似的,只是需要处理的数据不同而已,因此可以通过封装代码来提升编程效率。在 Python 中,封装功能性代码是用函数来实现的。

1.6.1 函数定义与调用

函数(Function)是组织好的、可重复使用的、用来实现单一或相关联功能的代码段,它能够提高代码的模块性和重复利用率。Python 中使用 def 关键字来定义函数,格式为

```
def 函数名(参数列表):
    函数体
```

函数定义示例如下:

```
def printInfo():
    print('————————————————————————————————————')
    print('                Hello, world!                    ')
    print('————————————————————————————————————')
printInfo()  # 调用刚才定义的函数
```

函数的参数是用来接收外部数据,并使其可以参与函数内部计算的一种变量,示例如下:

```
def add2num(theta1, theta2):
    result=theta1+theta2
    print(c)

add2num(11, 22)  # 传递参数 11,22 分别给 theta1,theta2
```

调用函数时,如果没有传递参数,则可以使用默认参数。但是,带有默认值的参数一定要位于参数列表的最后面,否则程序会报错。Python 的参数调用可以不按顺序,但是需要表明是哪个参数的值。示例如下:

```
def printinfo( name,angle＝35 )：  # 带默认参数
    print("Name：", name)
    print("Angle：", angle)

printinfo(name＝"out" )    #  angle＝35，默认参数
printinfo(angle＝9,name＝"out" ) #可以不按顺序
```

当定义函数时，如果不确定传递的参数个数，那么可以使用不定长参数，即允许一个函数能够处理比当初声明时更多的参数。使用不定长参数的格式如下所示：

```
def functionname([formal_args,] * args，* * kwargs)：
    function_suite
        return [expression]
```

其中，formal_args 为常规参数，* args 和 * * kwargs 为不定长参数。* args 会存放所有未命名的变量参数，args 为元组；* * kwargs 会存放命名参数，即形如 key＝value 的参数，kwargs 为字典。

不定长参数的使用规则示例如下：

```
def fun1( * args)：
    print(args)
def fun2( * * kwargs)：
    print(kwargs)

fun1(11,22,33)
fun2(name＝"out",angle＝20)
ks＝{ 'name'：'out'，'angle'：20}
fun2( * * ks)
```

输出：

```
(11, 22, 33)
{'name'：'out'，'angle'：20}
{'name'：'out'，'angle'：20}
```

其中，fun1()函数用来打印一组未命名参数，当传入 11、22、33 时，这三个数会以元组的形式保存到 args 中，print 打印出来的是一个元组；fun2()函数用来打印一组命名参数，当传入"name"："hello"和"age"：20 时，这两个参数会以字典的形式存储在 kwargs 中，print 打印出来的是字典 kwargs 的键值对。

函数的返回值是指函数执行完毕后，系统根据函数的具体定义返回给外部调用者的值。函数的返回值是使用 return 语句来完成的，示例如下：

```
def add2num(theta1, theta2)：
```

```
        result＝theta1＋theta2
        returnresult
    f＝add2num(11,22)
```

根据函数的参数和返回值不同，函数可以分为以下四种类型：

① 无参数，无返回值的函数；

② 无参数，有返回值的函数；

③ 有参数，无返回值的函数；

④ 有参数，有返回值的函数。

1.6.2　函数变量作用域

在 Python 中创建、修改、查找变量时，都是在保存了变量名的空间中进行的，这样的空间称为名称空间，也称为作用域。在源代码中，变量被赋值的位置决定了变量能被访问的范围，即变量的作用域由变量在源代码中的位置决定。

根据变量的作用范围不同，变量可分为局部变量和全局变量。局部变量是在函数内部定义的变量，其作用域为函数内部。局部变量只在定义它的函数中有效，一旦函数结束，该变量就会消失。全局变量是定义在函数外部的变量，其拥有全局作用域，可以在整个程序范围内访问。如果全局变量和局部变量的名字相同，则函数中访问的是局部变量。

变量作用域示例如下：

```
    def fun()：
        theta1＝20
        print('乘法的运行结果：', theta1)
    theta1＝10
    fun()
    print('初始 theta1＝', theta1)
```

该例中我们定义了 fun() 函数，在 fun() 函数的内部和外部都有名为 theta1 的变量。但是函数内部的变量 theta1 为局部变量，其作用域为函数体；函数外部的变量 theta1 为全局变量，其作用域为整个程序范围。当调用 fun() 函数时，函数内部的 print 会输出局部变量 theta1 的值 2，但是并不会改变全局变量 theta1 的值，因此，函数外部的 print 会输出全局变量 theta1 的值 1。

1.6.3　常用库函数

1. 递归函数

如果一个函数在内部调用自己本身，那么这个函数就是递归函数。

例子：使用递归函数实现阶乘 $n! = 1*2*3* \cdots *n$ 的计算。

```
def fact(n):
    if n==1:
        return 1
    return n * fact(n-1)


print(fact(5))
```

2. 匿名函数

匿名函数是不需要使用 def 定义的简单函数。定义匿名函数时需要使用 lambda 关键字，声明格式如下：

```
fun=lambda [arg1 [,arg2,...,argn]]:expression
```

匿名函数代码示例如下：

```
sum=lambda arg1, arg2: arg1+arg2
print("运行结果：", sum( 10, 20 ))
```

使用 lambda 声明的匿名函数虽然能接收任何数量的参数，但只能返回一个表达式的值。匿名函数不能直接调用 print，这是因为 lambda 只需要一个表达式。在实际中，匿名函数常用来描述一个简单的数学表达式。

3. 随机数函数

使用随机函数时，首先应该导入 random 模块，我们所需要的随机函数都存储在该模块中，以下是 random() 函数的用法。

① random. random() 函数：用来生成 0 到 1 的随机浮点数。

② random. uniform(a,b) 函数：用来返回 a、b 之间的随机浮点数，范围可以为[a,b]或[b,a]，a 不一定小于 b。

③ random. randint() 函数：用来返回 a、b 之间的整数，其中 a、b 必须是整数，且 a 一定小于 b。

④ random. randrange(start,stop,step) 函数：用来返回 start 和 stop 之间以 step 为步长的序列中的随机整数。

⑤ random. choice(sequence) 函数：用于从序列 sequence 中随机获取一个元素，列表、元组、字符串都属于 sequence。

⑥ random. shuffle(list) 函数：用于将列表中的元素打乱顺序，俗称"洗牌"。

⑦ random. sample(sequence,k) 函数：用于从序列 sequence 中随机获取 k 个元素作为一个片段返回，但是 sample() 函数并不会修改原有序列。

1.7　模　块　和　包

在 Python 代码的编写过程中,为了编写可维护的代码,可以将函数分组并放到不同的文件里。这样每个文件包含的代码相对较少,从而提高代码的可维护性。存放这些函数的文件就叫作模块。为了组织好模块,通常会将多个模块放在一个包内,即"打包"。

1.7.1　模块

在 Python 中,模块(module)是一个.py 文件,用来存放函数。用户可以在其他程序中引用模块,从而利用模块中的函数。在 Python 中使用关键字 import 来引入某个模块,其引入格式为:

import module1,module2,...

比如,引入一个常见的数学模块的格式为

import math

在 Python 中,模块分为以下三种:

(1) Python 的内置模块,比如 random 模块。

(2) 第三方开源模块,可通过"pip install 模块名"联网安装。

(3) 自定义模块,只要创建一个.py 文件,就可以称之为模块,其可以在另一个程序中导入。

调用模块中的函数的格式为模块.函数名。在调用模块中的函数时,要加上模块名,这是因为多个模块中可能存在名称相同的函数。如果只是通过函数名来调用,那么解释器无法确定到底要调用哪个函数。

如果不想使用模块.函数名的格式来调用模块中的函数,那么可以在文件开头直接导入模块中的函数。可以借助 from...import... 来导入模块中的某些函数。如果要导入模块中的所有函数,则可以使用 * 来代替所有的函数名,其格式如下:

from 模块名 import 函数名 1,函数名 2...

from 模块名 import *

导入当前目录示例如下:

import sys

print(sys.path) # sys.path 是当前目录列表

当编写代码量较大的程序时,模块的优势就会体现出来,这是因为使用模块可以使每一个文件中的代码相对较少,主程序的逻辑性也会更加清晰。使用模块不仅可以提高代码的可维护性,而且还可以避免函数名和变量名冲突。

模块的定义和使用示例如下：

```
# 保存为 test.py
def add(a,b):
    return a+b


# 用来进行测试
ret=add(12,22)
print('int test.py file,12+22=%d'%ret)


# 在另外一个 main.py 文件打开并调用该 module
import random  # 固有模块
from test import add  # 自定义模块
L1=[1,3,4,5,6]
print(random.sample(L1,3))
result=add(11,22)
print(result)
```

当涉及大量函数调用时，如果需要知道某个函数是在主函数里还是在某个模块里，那么可以用模块的 __name__ 属性。

Python 提供了一个 __name__ 属性，且每个模块都有一个 __name__ 属性。当模块属性为"__main__"时，表明该模块自身在运行，否则是被引用的，返回值为模块名。

寻找函数对应的模块示例如下：

```
# main.py
import test
print(__name__)
test.Print()
# test.py
def Print():
    print(__name__)
# 输出
__main__
test
```

1.7.2　包

将多个模块放在一个文件夹里，并定义目录，且该目录下必须存在 __init__.py 文件

（文件内容可以为空），就可以成为一个包（package）。包示例如图 1.8 所示。

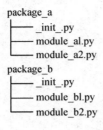

```
package_a
    ├── _init_.py
    ├── module_al.py
    └── module_a2.py
package_b
    ├── _init_.py
    ├── module_bl.py
    └── module_b2.py
```

图 1.8　包示例

如果不同包中的模块要引用其他包中的模块，则可以使用下列语句实现：

　　from package_a import module_al # 多用于导入自定义包

　　import package_a. module_al # 多用于导入库函数包

1.8　面向对象编程

1.8.1　面向对象与面向过程

面向对象编程是相对于面向过程编程提出来的概念。

（1）面向过程。面向过程关心的是实现行为的过程，并对这个过程进行描述。每个过程实现行为时是通过对应的函数来实现的。

（2）面向对象。面向对象是把各个对象和行为封装成一个类，并分别定义自身的属性和行为。每个对象实现行为时是通过对应的方法来实现的。

举例说明，要制作一个游戏，里面有英雄和怪兽两种对象，英雄和怪兽都有移动和攻击两种行为：① 英雄移动方式为跑步，怪兽移动方式为爬行；② 英雄攻击方式为使用子弹，怪兽攻击方式为使用毒液。

如果编程是面向过程的，那么程序示例如下：

```
# 定义
def 移动(目标)：
    if 目标==英雄：
        移动方式为跑步
    if 目标==怪兽：
        移动方式为爬行


def 攻击(目标)：
    if 目标==英雄：
```

　　　　　使用子弹进行攻击
　　　if 目标＝＝怪兽：
　　　　　使用毒液进行攻击

　　　# 实现过程
　　英雄：
　　　　　移动(目标＝英雄)
　　　　　攻击(目标＝英雄)
　　怪兽：
　　　　　移动(目标＝怪兽)
　　　　　攻击(目标＝怪兽)

如果编程是面向对象的，那么程序示例如下：

　　#定义
　　class 英雄：
　　　　　移动()：
　　　　　　　移动方式为跑步
　　　　　攻击()：
　　　　　　　使用子弹进行攻击

　　class 怪兽：
　　　　　移动()：
　　　　　　　移动方式为爬行
　　　　　攻击()：
　　　　　　　使用毒液进行攻击

　　#实现过程
　　英雄 1＝英雄()
　　怪兽 1＝怪兽()
　　英雄 1.移动()
　　英雄 1.攻击()
　　怪兽 1.移动()
　　怪兽 1.攻击()

具有相似特征和行为的事物的集合统称为类。对象是类的实例，一个类可以对应多个对象。我们可以把玩具模型看作一个类，把每个玩具看作一个对象，如图 1.9 所示。

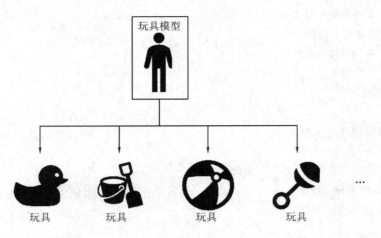

图 1.9　类和对象举例

1.8.2　类的属性和方法

类由类的名称、类的属性、类的方法三部分组成。可以通过以下格式来定义一个类，即

　　　class 类名（）：类的属性
　　　　　　　　　类的方法

利用上述格式来定义一个类时可以把类的属性理解为变量，类的方法看作是很多不同的函数。以下详细说明类的属性和类的方法。

1. 类的属性

Python 中类的属性分为类属性和实例属性，其中类属性就相当于全局变量，为实例对象共有；实例属性就相当于局部变量，为实例对象自己私有，代码示例如下。

```
class Cat(object)：
    num_legs=4    #类属性
def __init__(self，color)：
    self.color=color    #实例属性
```

2. 类的方法

在 Python 中，类的方法有实例方法（即对象方法）、类方法、静态方法三种。下面对这三种方法进行总结。

1）实例方法（对象方法）

通常情况下，类的方法默认是实例方法，在定义的时候不需要使用特殊的关键字进行标识，代码示例如下：

```
class Student：
```

```
name="jom"
age=21
def instanceshow(self,str):
    print(self,self.name,self.age,str)
p=Student()
p.instanceshow("实例对象调用")
```

2）类方法

类方法要使用装饰器 @classmethod 来修饰。一般情况，第一参数默认命名为 cls（cls=class，可以是别的名字），代码示例如下：

```
class Student:
    name="jom"
    age=21
    @classmethod
    def classshow(cls,str):
        print(cls,cls.name,cls.age,str)
p=Student()
p.classshow("实例调用")
Student.classshow("类名称调用")
```

3）静态方法

静态方法通过装饰器 @staticmethod 来修饰。静态方法实际上就是普通函数，只是由于某种原因需要定义在类里面。它的参数可以根据需要进行定义，不需要特殊的 self 参数。可以通过类名或者值对实例对象的变量进行调用，代码示例如下：

```
class Student:
    name="jom"
    age=21
    @staticmethod
    def staticshow(str):
        print(Student,Student.name,Student.age,str)
p=Student()
p.staticshow("实例调用")
Student.staticshow("类名称调用")
```

1.8.3　类的实例化

通过已有的类（class）创建出该类的一个对象（object），这一过程叫作类的实例化。这里我们给一个例子来说明类的实例化，具体步骤如下：

① 定义类。

② 定义构造方法：__init__()称为构造方法(注：init 前后是两个下划线)。当创建类的实例时，系统会自动调用构造方法，从而实现对类进行初始化的操作。

③ 定义普通方法。

④ 定义析构方法：__del__()称为析构方法。当删除一个对象来释放类所占用的资源时，Python 解释器默认会调用__del__( )方法。

⑤ 定义一个对象：创建对象的语法格式为对象名＝类名()。

⑥ 通过对象进行函数调用，使用对象的方法为对象名.方法。

⑦ 删除对象，释放内存。

类的实例化的代码示例如下：

```python
class Test(object):
    def __init__(self,name):
        self.name=name
        print('这是构造函数')
    def say_hi(self):     #普通函数
        print('hello，%s' % self.name)
    def __del__(self):
            print('这是析构函数')


obj=Test('bigberg')
obj.say_hi()
del obj
```

以上我们通过实例说明了类的实例化过程，下面对类方法的 self 参数和类的作用域进行说明。

(1) 类方法的 self 参数。

① 类方法的第一个参数永远都是 self。

② 可以把 self 当作 C＋＋里的 this 指针，表示的是对象自身。

③ 当某个对象调用方法时，Python 解释器会把这个对象作为第 1 个参数传给 self，开发者只需要传递后面的参数就可以了。

类方法的 self 参数的代码示例如下：

```python
class Dog:
    def __init__(self, newColor):
        self.color=newColor
    def printColor(self):
        print("颜色为：%s"%self.color)
```

```
＃定义对象并执行方法
    dog1＝  Dog("白色")
    dog1. printColor()
```

（2）类的作用域

作用域就是变量生效的范围。类属性（变量）可以定义为局部变量或者全局变量。若局部变量在函数内部定义，则其作用域就在函数内部；若局部变量在函数外部定义，则其作用域就在函数外部。全局变量用 global 关键字在函数外部定义，其作用域为函数内部、外部，变量在函数内部、外部都可以使用。

类的作用域的代码示例如下：

```
class People：
    name＝"王麻子"        ＃ 局部变量，无法在函数体内使用
    global name          ＃ 全局变量，可以用在函数体内使用
    name＝"张三"
    def __init__(self,name)：
        self. name＝name
    def updateName(self,name)：
        self. name＝name
    def Print(self)：
            print(name)


＃ 定义类和使用方法
people1＝People("王五")
print(people1. name)
people1. updateName("李四")
print(people1. name)
people1. Print()
del people1
```

1.8.4　类的封装、继承和多态

面向对象的编程一般具备封装、继承和多态三大特性。

1. 封装

封装是对具体对象的一种抽象，即将某些部分隐藏起来，程序外部不能调用。封装的目的是保护数据的隐私和隔离复杂度。

在设计程序时，使用私有数据和私有方法可以实现封装的目的。私有数据和私有方法只能在类中被调用，外部代码不能访问。

（1）对私有数据封装：在属性名前加两个下划线，私有数据只能在类内部调用。但是若加入接口函数（方法），则可以实现外部对私有数据的间接访问。对私有数据封装的代码示例如下：

```
class Teacher：
    def __init__(self,name)：
        self.__name＝name       ＃ __name 为私有数据，在类内调用

teacher＝Teacher('egon')        ＃可初始化
print(teacher.name)             ＃无权调用


＃ 设计接口函数实现间接访问私有数据
class Teacher：
    def __init__(self,name,age)：
        self.__name＝name
    def get_info(self)：        ＃接口函数
        name＝self.__name
        return name
teacher＝Teacher('egon',30)
print(teacher.get_info())
```

（2）对私有方法封装：在方法名前加两个下划线。加入接口函数可以实现外部对私有方法的间接调用。对私有方法封装的代码示例如下：

```
class Test：
    def __Print(self)：
        print('This is a private function.')
test＝Test()
test.Print()                    ＃访问失败


class Test：
    def __Print(self)：
        print('This is a private function'
    def info(self)：
        self.__Print()
test＝Test()
test.info()＃通过接口函数访问私有方法
```

2. 继承

在现实生活中，继承一般指的是子女继承父辈的财产。在程序中，继承描述的是事物

之间的所属关系。类的继承是指在一个现有类的基础上构建一个新的类，构建出来的新类称为子类。继承关系示例如图 1.10 所示，在图中，猫和狗为两种动物类，波斯猫和巴厘猫是猫的子类，继承自猫；而沙皮狗和斑点狗是狗的子类，继承自狗。

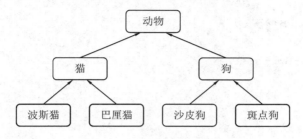

图 1.10　继承关系示例

在 Python 中，继承使用的语法格式为 class 子类名(父类名)。例如，有一个类为 A，B 继承自 A，则 B 的定义为 class B(A)。

Python 支持多继承。多继承就是指子类拥有多个父类，并且具有它们的共同特征，即子类继承了所有父类的方法和属性。多继承关系示例如图 1.11 所示，由图可知，水鸟继承自鸟类和鱼类，水鸟既拥有鸟类飞翔的特征，又拥有鱼类遨游的特征。

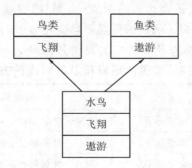

图 1.11　多继承关系示例

多继承可以看作是单继承的扩展，其语法格式为 class 子类名(父类1，父类2，…)。多继承具有如下特点：

① 如果子类继承的多个父类间是平行的关系，则子类先继承哪个父类，就会调用哪个父类的方法。

② 如果子类想要按照自己的方式实现方法，那么就需要重写并覆盖从父类中继承的方法。这个时候，子类中重写的方法必须和父类被重写的方法具有相同的方法名和参数列表。

3. 多态

当子类和父类存在相同的方法时，子类的方法会覆盖父类的方法，在代码运行时总会调用子类的方法，这种现象称为多态。多态的代码示例如下：

```
class A(object):
    def test(self):
        print("——A——test")
class B(A):    ♯ B继承父类 A
    def test(self):
        print("——B——test")
a＝A()
b＝B()
a.test()
b.test()


♯输出
——A——test
——B——test
```

1.8.5　运算符重载

运算符重载是指让自定义的类生成的对象(实例)能够使用运算符进行操作。例如，之前学习到的＋运算符就是__add__函数的重载，当使用 x＋y 实现加法运算时，实际上是调用了__add__函数。常见的运算符及其对应的方法名如表 1.4 所示。

表 1.4　常见的运算符及其对应的方法名

方法名	说明	何时调用方法
__add__	加法运算	对象加法：x＋y, x＋＝y
__sub__	减法运算	对象减法：x－y, x－＝y
__mul__	乘法运算	对象乘法：x＊y, x＊＝y
__diy__	除法运算	对象除法：x/y, x/＝y
__getitem__	索引，分片	x[i]、x[i:j]、没有__iter__ 的 for 循环等
__setitem__	索引赋值	x[i]＝值、x[i:j]＝序列对象
__delitem__	索引和分片删除	del x[i]、del x[i:j]

运算符重载示例如下：

```
class Vector:
    def __init__(self, a, b):
        self.a＝a
```

```
        self. b=b
    def __str__(self)：
        return 'Vector（%d，%d）' % (self. a, self. b)
    def __add__(self, other)：
        return Vector(self. a+other. a, self. b+other. b)


v1=Vector(2，10)
v2=Vector(5，—2)
v=v1+v2    ♯自动调 add 函数(重载)

print(v)


♯输出
Vector（7，8)
```

1.9　文 件 的 操 作

1.9.1　文件的打开与关闭

1. 文件的打开

在 Python 中，使用 open(文件名，访问模式)方法打开文件。其中，"文件名"是必须要填写的，"访问模式"是可选的，"访问模式"默认为只读。

注意：使用 open 函数打开文件时，如果没有注明访问模式，则必须保证文件是必须存在的，否则会报异常。

2. 文件的关闭

凡是打开的文件，一定要使用 close 关闭文件，从而释放系统资源。

文件的打开与关闭示例如下：

```
♯新建一个文件，文件名为：test. txt
f=open('test. txt'，'w')
♯关闭这个文件
f. close()
```

1.9.2　文件的读写

1. 文件的访问模式

Python 针对文本文件和二进制文件分别具有不同的访问模式。

1）文本文件的访问模式

文本文件的常见访问模式有以下三种：

（1）r：只读模式，对文件的操作是只读取数据；

（2）w：只写模式，对文件的操作是只写入数据；

（3）a：追加模式，对文件的操作是添加数据。

2）二进制文件的访问模式

二进制文件的访问模式有 rb、wb 和 ab 三种，主要用于非文本类文件（比如图片）的访问，其使用模式和文本文件的访问模式相同。

（1）rb：以二进制格式打开一个文件用于只读，这是默认模式。

（2）wb：以二进制格式打开一个文件用于只写。如果文件已存在，则删除原有内容。

（3）ab：以二进制格式打开一个文件只用于追加。如果文件已存在，则从文件结尾开始添加数据。

上述访问模式只能对文件进行只读或者只写操作。不同文件读写模式说明如表 1.5 所示。表中 r＋、w＋和 a＋访问模式可以对文件进行读写操作，其中 r＋表示打开一个文件用于读写，默认文件指针会放在文件开头；w＋表示打开一个文件用于读写，如已存在内容，则覆盖；a＋表示打开一个文件用于读写，如已存在内容，则放文件末尾。

表 1.5　不同文件读写模式说明

模式	r	r＋	w	w＋	a	a＋
读	√	√		√		√
写		√	√	√	√	√
创建			√	√	√	√
覆盖			√	√		√
指针在开始	√	√	√	√		
指针在结尾					√	√

2. 文件的读取方式

文件的读取方式有以下几种：

（1）read(size)方法：用来读取文件，其中 size 表示需要读取的文件的长度。如果没有指定 size 或者 size 为负数，则会读取并返回整个文件，代码示例如下：

```
# 自定义一个 itheima.txt 文件，并保存
f＝open('itheima.txt', 'r')
content＝f.read(12)
```

```
print(content)
print("-" * 30)
content=f.read()  #注意有无 f.close()区别
print(content)
f.close()
```

（2）readline()方法：用来读取单独的一行内容，代码示例如下：

```
#自定义一个 itheima.txt 文件，并保存

f=open('itheima.txt','r')
content=f.readline()
print("1:%s"%content)
content=f.readline()
print("2:%s"%content)
f.close()
```

（3）readlines()方法：用来读取文件的所有内容，代码示例如下：

```
#自定义一个 itheima.txt 文件，并保存
f=open('itheima.txt','r')
content=f.readlines()
i=1
for temp in content:
    print("%d:%s" % (i, temp))
    i+=1
f.close()
```

（4）tell()方法：用来获取文件当前的读写位置，代码示例如下：

```
# 自定义一个 itheima.txt 文件，并保存
f=open("itheima.txt", "r")
str=f.read(4)
print("读取的数据是":, str)
position=f.tell()
print("当前文字位置":, position)  #返回当前位置4
```

（5）seek()方法：用来将文件读取指针移动到指定位置，其语法格式为 seek(offset, from)。其中，offset 表示指针的偏移量，也就是需要移动的字节数。from 指定指针开始的位置，当 from=0 时，表示从文件开头开始；当 from=1 时，表示从当前位置开始；当 from=2 时，表示从文件末尾开始；缺省默认为从文件开头开始。

（6）write()方法：用于向文件写入数据。在操作某个文件时，每调用一次 write()方法，写入的数据会追加到文件的末尾，代码示例如下：

```
f＝open('itheima. txt', 'w')
f. write('hello itheima, i am here!')
f. close()
```

1.9.3　文件的常见操作

操作系统接口模块 os 中提供了文件重命名和文件删除的方法。其中文件重命名使用 rename()方法，语法格式为 os. rename(oldName，newName)；文件删除使用 remove()方法，语法格式为 os. remove(fileName)。

os 模块中与文件相关的操作具体如下：

（1）mkdir()方法：用于创建文件夹；

（2）getcwd()方法：用于获取当前工作目录；

（3）chdir()方法：用于改变默认路径；

（4）listdir()方法：用于获取该路径下的目录列表；

（5）rmdir()方法：用于删除文件夹。

文件操作的代码示例如下：

```
fo＝open("test. doc", "r＋")　　#r＋模式打开文档
fo. write("个人简历\n")
fo. write("姓名：李梅，性别：女，单位：中国科学院大学")　　#写入内容
content＝fo. readline()　　#文件读取
print(content)
content＝fo. readline()　#文件读取
print(content)
fo. close()　#文档关闭
```

1.10　异　　常

在编写程序时，异常通常是一些程序无法正常执行的原因所在。为了处理这些异常，Python 提供了非常强大的异常处理机制。本节主要介绍异常的基本概念以及 Python 中对于异常的处理。

1.10.1　异常的类型

在 Python 中，程序在执行的过程中产生的错误称为异常，比如列表索引越界、打开不存在的文件等，常见异常如表 1.6 所示。

表 1.6　常　见　异　常

异 常 名 称	异 常 原 因
NameError	尝试访问一个未声明的变量
ZeroDivisionError	除数为零
SyntaxError	解释器发现语法错误
IndexError	使用序列中不存在的索引
KeyError	使用映射中不存在的键
FileNotFoundError	试图打开不存在的文件
AttributeError	尝试访问未知对象属性

异常的代码示例如下：

```
print(a)
open("123. txt","r")
```

报错信息：

NameError：name 'a' is not defined

FileNotFoundError：［Errno 2］No such file or directory：'123. txt'

在上面示例中，对于 print(a)这个语句，由于没有定义变量 a 就输出 a，因此会触发 NameError 异常。在报错信息中，NameError 为异常名称，name 'a' is not defined 为异常原因。对于 open("123. txt","r")这个语句，由于 123. txt 文件不存在就打开 123. txt 文件，因此会触发 FileNotFoundError 异常。在报错信息中，FileNotFoundError 为异常名称，No such file or directory：'123. txt'为异常原因。

所有异常都是基类 exception 的成员，它们都定义在 exceptions 模块中。如果这个异常对象没有进行处理和捕捉，那么程序就会用所谓的回溯（traceback，一种错误信息）终止执行，这些信息包括错误的名称（例如 NameError）、原因和错误发生的行号，代码示例如下：

```
>>>print(a)
Traceback（most recent call last）：
  File "D:/document/practice/main. py", line 1, in <module>
    print(a)
NameError：name 'a' is not defined

>>>a=10/0
Traceback（most recent call last）：
  File "D:/PythonCode/Chapter09/异常. py", line 1, in <module>
    10/0
```

ZeroDivisionError：division by zero

1.10.2　异常处理

1. 异常处理

Python 中的异常处理指的是当代码运行的过程中遇到异常时，为了使程序不使用自动回溯来终止程序，而针对该异常进一步进行处理的一种操作。若不使用异常处理，则程序会使用回溯终止程序运行，并返回异常类型；若使用异常处理，则程序会捕获异常，并针对异常进行相应的处理。Python 对异常进行处理的流程如图 1.12 所示。

图 1.12　Python 对异常进行处理的流程

2. 异常处理的语句

异常处理的语句有 try-except 语句、try-except-else 语句、try-finally 语句、as 语句。

（1）try-except 语句。try-except 语句可以用来检测异常，并在 except 中对异常进行相应的处理，语法格式如下：

```
try：
        ♯代码块
except：
        ♯异常处理代码块
```

使用 try-except 语句检测异常时，程序首先执行 try 中的代码块，如果没有发现异常，则跳过 except 中的代码块，执行结束；如果发现异常，则中止 try 中代码块的执行，执行 except 中的代码块。

try-except 语句处理异常的代码示例如下：

```
try：
    print(a)
except：
    print("a is not defined!")
```

```
输出：
a is not defined!
```

try-except 语句处理多个异常的语法格式如下所示：

```
try：
    ♯代码块
except 异常名称 1：
    ♯异常处理代码块 1
except 异常名称 2：
    ♯异常处理代码块 2
     ⋮
```

　　从上述语法格式中可以看出，当 try-except 语句处理多个异常时，首先执行 try 中的代码块，如果没有发现异常，则跳过 except 中的代码块；如果发现异常，则终止 try 中代码块的执行，并判断异常是否为异常 1，如果是异常 1，则执行异常处理代码块 1，如果不是异常 1，则判断异常是否为异常 2，重复该过程直至找到符合已发生异常的异常名称，并执行相应的代码块。如果遍历所有的 except 都没有发现符合已发生异常的异常名称，则使用回溯终止程序运行，并返回异常类型。

　　try-except 语句处理多个异常的代码示例如下所示：

```
try：
    print(a)
except SyntaxError：
    print("SyntaxError")
except NameError：
    print("NameError")
```

　　输出：
　　NameError

　　（2）try-except-else 语句。如果没有发现异常，则执行 else 语句，语法格式如下：

```
try：
    ♯代码块
except：
    ♯发现异常时执行
else：
    ♯没有异常时执行
```

　　如果 try 中的代码块发生异常，并被 except 捕获，则执行 except 中的异常处理代码块，不执行 else 中的代码块；如果 try 中的代码块正常执行，即没有发生异常，则不执行 except 中的代码块，执行 else 中的代码块。

　　（3）try-finally 语句。无论 try 中的代码块是否存在异常，都会执行 finally 语句，finally 语句常用来释放资源，语法格式如下：

```
try:
    #代码块
except:
    #发现异常时执行
else:
    #没有异常时执行
finally:
    #一定执行
```

（4）as 语句。as 语句用来获取异常信息。as 语句获取异常的代码示例如下：

```
name=[1,2,3]
try:
    name[3]
except IndexError as e:
    print(e)
```

输出：

list index out of range

（5）raise 语句。raise 语句用来显式地触发异常，主要有以下 2 种方式：

① raise 后接异常类名或异常类对象，用于引发指定异常类的实例

② 只执行 raise，用于重新引发刚刚发生的异常。

例如，定义 a=′123′以及 type_list=[′str′,′int′]，判断 a 的类型是否在 type_list 中，如果没有在，则执行 raise TypeError，并触发 TypeError 这个异常。

当 raise 语句指定异常的类名时，会创建该类的实例对象，并引发异常，代码示例如下：

```
index=IndexError()
raise index
```

使用不带参数的 raise 语句可以再次引发刚刚发生过的异常，代码示例如下：

```
try:
    raise IndexError
except:
    print("出错了")
    raise()
```

通过在异常类的后面指明描述信息，可以描述异常发生的原因，代码示例如下：

```
raise IndexError("索引下标超出范围")
```

在上述示例中，我们在 IndexError 的后面添加了"索引下标超出范围"这个描述信息，

当使用 raise 语句触发异常时，IndexError 后面会显示异常发生的原因。

使用 raise...from... 可以在异常中抛出另外的异常，代码示例如下：

```
try:
    num
except Exception as exception:              # NameError 异常被保存在 Exception 中,
                                            exception 会获取 NameError 这个异常
    raise IndexError("下标超出范围") from exception   # 从 exception 所捕获的异常中抛出 Index-
                                            Error 异常
```

在上述示例中，程序首先执行 try 中的语句块 num，由于 num 未被定义，因此触发 NameError 异常，然后程序开始执行 except Exception as exception 语句，NameError 异常被保存在 Exception 中，exception 将会获取 NameError 这个异常。raise IndexError（"下标超出范围"）from exception 这条语句表示从 exception 所捕获的异常中抛出 IndexError 异常。也就是说程序先触发 NameError 异常，再抛出 IndexError 异常。

（6）assert 语句。当用户定义的约束条件不满足时，使用 assert 语句触发 AssertionError 异常，语法格式如下：

```
assert expression, arguments
```

其中，expression 为逻辑表达式，arguments 为异常原因。如果 expression 结果为真，则什么都不做；如果 expression 结果为假，则触发异常，并指明异常原因。代码执行逻辑上等于 if-not-raise 结构。assert 语句的示例如下：

```
a=0
assert a! =0,"a 不为 0 不成立"
```

自定义异常类是人为创建了一个继承自 Exception 类的子类。当遇到人为设定的错误时，可以使用 raise 语句抛出自定义的异常，代码示例如下：

```
class NumError(Exception):                # 自定义异常类 NumError
    def __init__(self,numA,numB):
        self. numA=numA
        self. numB=numB
    def __str__(self):
        return f"本计算器只接收整数!"        # 异常信息
def calculator(a, b):
    try:
        if type(a)! =int or type(b)! =int:   # 如果 a 或 b 不是整数,就触发异常
            raise NumError(a, b)             # raise 执行 NumError 异常
    except Exception as e:
        print(e)
```

```
    else:                               #没有异常，则计算 c=a+b
        c=a+b
    return c


#运行操作
SA=calculator(33.3,66)                  # 触发异常
print(SA)
SA=calculator(33,66)                    #正常执行
print(SA)
```

程序运行时，若不再需要一些对象，则系统会自动执行清理动作，不论对象操作是否成功，开发者无需手动执行对象清理动作。但在某些情况下，还需要用户手动执行清理动作。例如，打开一个文件一定要对应一个关闭文件的代码，示例如下：

```
file=open("test. txt")        #打开文件
data=file. read()             #读取数据
file. close()                 #关闭文件
```

根据之前异常处理所讲的内容可知，用户可以使用 try-finally 语句来解决文件关闭的问题，代码示例如下：

```
file=open("test. txt")
try:
        data=file. read()
finally:
        file. close()
```

在上述示例中，执行完 data=file. read()之后，一定会执行 finally 语句中的 file. close()函数来关闭文件。

Python 中还有一种方法来解决文件关闭的问题，就是使用 with 语句，代码示例如下：

```
with open("test. txt") as file:
        data=file. read()
```

在上述示例中，with open("test. txt") as file 会创建一个文件对象，代码执行完 data=file. read()后会自动关闭文件。

与 try-finally 语句相比，with 语句会更加简单。

1.11　图像处理中的库函数

1. 图像处理中的库

图像处理的整个过程是，首先图像数据转化为二维数组，然后根据需求修改数组，最

后将结果绘制出来，我们按此过程依次介绍几个常见的库，如 NumPy、SciPy、Skimage、PIL、OpenCV(在 Python 中也称为 CV2)、Matplotlib。其中，NumPy 负责数值计算，主要是对数组进行存储和处理；SciPy 是基于 NumPy 构建的一个集成了多种算法和函数的库；Matplotlib 主要用于结果绘图；Skimage 是基于 SciPy 的一款图像处理包，其处理方式类似于 Matlab 的处理方式，它将图像作为 NumPy 数组进行处理，使得图像处理算法的编写更灵活；PIL 只提供最基础的数字图像处理操作，其功能有限；OpenCV 实际上是一个 C++库，只提供了 Python 接口，其更新速度比较慢。

2. 图像库的安装

用户可以使用 pip 或者 conda 联网安装图像库，且图像库的版本不同，对应的功能可能有所改变，应尽量安装对应的版本。

3. 图像库的图片读取方式

除了 OpenCV 读入的彩色图片以 BGR 顺序存储，其他所有图像库读入彩色图片都以 RGB 存储。除了 PIL 读入的图片是 img 类，其他库读入的图片都是 NumPy 矩阵。

4. 图像库 API 的使用

不同的库可能有相同功能的函数，务必严格遵守每一个库的 API 使用规范，以避免出错。

1.11.1　NumPy

NumPy(Numerical Python)是开源的 Python 科学计算库，支持数组和矩阵运算，同时针对数组运算提供了大量的优化数学函数，是对 Python 数值计算的扩充。

NumPy 提供了数组和操作数组两类对象，用于创建数组，并对数组对象进行有关操作。例如，矩阵乘积、转置、解方程、向量乘积和归一化等为图像建模、图像分类、图像聚类等提供操作基础，大大降低了开发难度和程序开发量。

对数组中每一个元素执行相同操作的机制叫作 NumPy 的广播机制。NumPy 多维数组直接运算可避免循环，速度更快，代码更简洁。

利用 NumPy 的广播机制计算 $num1^2 + num2^3$，代码实现如下：

```
♯不使用 NumPy
def multiply(n):
    num1=list(range(n))
    num2=list(range(1,5 * n,5))
    mul=[]
    for i in range(len(num1)):
        mul. append(num1[i] * * 2+num2[i] * * 3)
```

```
        return(mul)
    print(multiply(10))


    #使用 NumPy
    import numpy as np      #导入 numpy 库
    def pynum(n):
        num1＝np. arange(1,5 * n,5)
        num2＝np. arange(n)
        mul＝num2 * * 2＋num1 * * 3
        return mul
    print(pynum(10))
```

1. 11. 2　SciPy

　　SciPy 是免费的开源 Python 库，构建于 NumPy 库之上，并在 NumPy 的基础上增加了数学、科学以及工程等众多领域中常用的方法模块，例如线性代数、常微分方程求解、信号处理、图像处理、稀疏矩阵等。

　　SciPy 包含许多模块，其中 sparse 模块提供大型稀疏矩阵计算中的各种运算；special 模块提供各种特殊的数学函数，可以直接调用；optimize 模块用来做拟合与优化，例如可以数值拟合、计算函数最小值；linalg 模块用来做线性代数运算，例如可以计算逆矩阵、求特征值、解线性方程组等；stats 模块用来进行统计运算，例如可以求解方差、均值等各种分布函数；integrate 模块用来做数值积分运算，例如可以求解一重、二重及三重积分。

　　SciPy 中的 special 模块的代码示例如下：

```
    from scipy import special as S
    print(S. cbrt(8))            #立方根
    print(s. exp1e(3))           #10 * * 3
    print(s. sindg(99))          #正弦函数，参数为角度
    print(s. round(3. 1))        #四舍五入函数
    print(s. round(3. 5))
    print(s. comb(5,3))          #从 5 个中任选 3 个的组合数
    print(S. perm(5,3))          #排列数
    print(s. gamma(4))           #gamma 函数
    print(s. beta(10,200))       #beta 函数
    print(s. sinc())             #sinc 函数
```

利用 SciPy 中的 integrate 模块求解 $\int_{0}^{2} x^{n} \mathrm{d}x$，代码实现如下：

```
import numpy as np
from scipy. integrate import quad
def func(x,n):
    return x * * n
down_limit=0
up_limit=2
result1=quad(func,down_limit,up_limit,args=(1))  #
print('result1=', result1)
result2=quad(func,down_limit,up_limit,args=(2))  #
print('result2=', result2)


# quad 返回积分值和精度
result1=  (2.0, 2.220446049250313e-14)
result2=  (2.666666666666667, 2.960594732333751e-14)
```

利用 SciPy 中的 optimize 模块求拟合曲线,代码实现如下:

```
import numpy as np
import matplotlib. pyplot as plt
from scipy. optimize import Leastsq
Xi=np. array([160,165,158,172,159,176,160,162,171])
Yi=np. array([58,63,57,65,62,66,58,59,62])
def func(p,X):
    k,b=p
    return k * x+b
def error(p,X,y):
    return func(p,X)-y
po=[1,20]
Para=Leastsq(error,po,args=(Xi,Yi))
k,b=Para[0]
print("k=",k,"b=",b)
plt. figure(figsize=(8,6))
plt. scatter(Xi,Yi,color="green",label="样本数据",inewidth=2)
x=np. linspace(150,190,100)  # 在 150-190 直接画 100 个连续点
y=k * x+b  # 函数式
plt. plot(x,y,color="red",Label="拟合直线",Linewidth=2)
plt. legend()
plt. show()
```

画图结果如图 1.13 所示。

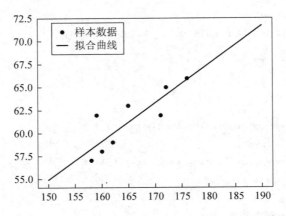

图 1.13　利用 SciPy 中的 optimize 模块做出的拟合曲线

1.11.3　Skimage

Skimage(Scikit-image)是基于 SciPy 的一个图像处理库,它将图像作为 NumPy 数组进行处理,处理方式类似于 Matlab 的处理方式。它对 scipy.ndimage 模块进行了扩展,提供了更多的图像处理功能,Skimage 常见模块如表 1.7 所示。

表 1.7　Skimage 常见模块

模　块	功　　能
io	用于读取、保存和显示图片或视频
data	用于提供一些测试图片和样本数据
color	用于进行颜色变换
filters	用于图像增强、边缘检测、排序滤波等
draw	用于进行基本的图形绘制
transform	用于进行几何变换或其他变换,如旋转、拉伸变换等
morphology	用于进行形态学操作,如开闭运算、骨架提取等
exposure	用于图片强度调整、直方图均衡等
feature	用于进行特征检测和提取
measure	用于图像属性测量,如相似性或等高线等
segmentation	用于进行图像分割
restoration	用于进行图像恢复

　　基于 NumPy 的广播机制，在 Skimge 库进行图像处理的大多数情况中，无需对图像的 RGB 三个分量分别处理，而将图像作为 NumPy 数组统一进行处理。

　　利用 Skimage 库中 io 和 data 模块的示例如下：

```
from skimage import io, data
img＝data. chelsea()          ＃ 使用 data 模块中的 chelsea()函数来读取 python 中自带的示例图像
io. imshow(img)              ＃使用 io 模块中的 imshow()函数显示图像 img
print(type(img))             ＃显示类型
print(img. shape)            ＃显示尺寸
print(img. shape[0])         ＃图片高度
print(img. shape[1])         ＃图片宽度
print(img. shape[2])         ＃图片通道数
print(img. size)             ＃显示总像素个数
print(img. max())            ＃最大像素值
print(img. min())            ＃最小像素值
print(img. mean())           ＃像素平均值
print(img[0][0])             ＃返回图片的第一个坐标处的像素值
```

　　利用 Skimage 库中的 color 模块的示例：使用函数 rbg2gray 将彩色图像转为灰度图像，代码实现如下：

```
from skimage import data_dir,io,color
import matplotlib. pyplot as plt
def convert_gray(f)：
    rgb＝io. imread(f) ＃以 RGB 读取图像数据
  return color. rgb2gray(rgb)＃color 模块的转换函数
str＝data_dir＋'/＊. png'        ＃调用自带图片集文件赋值给 str
coll＝io. ImageCollection(str，load_func＝convert_gray) ＃调用批处理函数对图像进行批量处理
original＝io. imread(data_dir＋'/coffee. png')
io. imshow(original)
plt. show()
io. imshow(coll[8])            ＃ 显示集合中第 8 张照片
plt. show()
```

结果如图 1.14 所示。

图 1.14　Skimage 库将彩色图像转为灰色图像

1.11.4　PIL

图像处理类库（Python Imaging Library，PIL）提供了基本图像操作模块，比如图像缩放、裁剪、旋转、颜色转换等功能函数，PIL 常见模块如表 1.8 所示。在 Python3. x 以上版本，PIL 更新为 Pillow。值得提醒的是，在 Python 环境中安装时命名为 Pillow，在实际程序调用时命名为 PIL 包（import PIL）。

表 1.8　PIL 常见模块

模　块	功　　　能
Image	创建、打开、显示、保存图像等
ImageChops	包含许多算术图形操作，这些操作可以运用到图像特效、图像组合、算法绘图等
ImageDraw	为 Image 对象提供基本的图形处理功能
ImageEnhance	包括一些用于图像增强的类
ImageFile	为图像的打开和保存提供相关支持的功能
ImageFilter	包括各种滤波器的预定义集合，与 Image 类的 filter()方法一起使用

Image 模块是 PIL 库中最重要的模块之一。如果要读取一幅图像，那么可以先使用 from 语句从 PIL 库中导入 Image 模块，再使用 open()函数读取图像文件，代码示例如下：

```
from PIL import Image        ♯导入 Image 模块
pil_im＝Image. open('empire. jpg')
```

convert()函数可以实现图像颜色的转换，如果要将一幅图像转换为灰度图像，那么只需要加上 convert('L')即可，代码示例如下：

```
pil_im＝Image. open('empire. jpg'). convert('L')    ♯色彩空间转换
```

利用 PIL 库的 Image 模块的示例：读取图像并画线，代码实现如下：

```
from PIL import Image,ImageDraw
im＝Image. open('Yanqi_Lake. jpg')
draw＝ImageDraw. Draw(im)
draw. line((0,0)＋im. size,fill＝255)
draw. line((0,im. size[1],im. size[0],0),fill＝(255,0,0))
im. show()
```

结果如图 1.15 所示。

图 1.15　PIL 库读取图像并画线

利用 PIL 库的 ImageEnhance 模块的示例：亮度调整为原图的一半，代码实现如下：

```
from PIL import Image，ImageEnhance

im＝Image. open('Yanqi_Lake. jpg')
enhancer＝ImageEnhance. Brightness(im) ♯亮度调整
im0＝enhancer. enhance(0. 5)
im0. show()
```

结果如图 1.16 所示。

图 1.16　PIL 库读取图像并调整亮度

1.11.5　OpenCV

OpenCV(开源计算机视觉库)是一个跨平台的计算机视觉和机器学习软件库,可以在多个操作系统上运行,比如 Windows、Linux、MAC 等操作系统。它的底层语言是 C 语言,是由一系列 C 函数和少量 C++类构成的小体量库。与以上图像处理库相比,OpenCV 库更丰富,它几乎囊括了图像处理和计算机视觉方面的所有常见算法,并为 Python、Matlab 等开放了接口。OpenCV 常见模块如表 1.9 所示。

表 1.9　OpenCV 常见模块

模　　块	功　　能
core	核心功能模块,定义了 OpenCV 最基础的数据结构
imgproc	图像处理模块,包含线性滤波、形态学操作、图像金字塔、边缘检测等
features2D	2D 功能模块,包含特征检测和关键点绘制函数、匹配功能绘制函数等
highgui	高层 gui 图形用户界面(high GUI),包含图形交互界面的接口等内容
stitching	图像拼接模块
machine Learning	机器学习模块

OpenCV 库示例 1:利用 calcHist()函数读取图像并获取直方图,代码实现如下:

```
import cv2                        # 导入 CV2,安装 OpenCV-Python
from matplotlib import pyplot
img = cv2. imread('Yanqi_Lake. jpg')
hist = cv2. calcHist([img], [0], None, [256], [0.0, 255.0])
pyplot. plot(range(256), hist, 'r')
pyplot. show()
```

结果如图 1.17 所示。

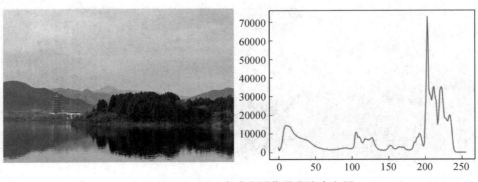

图 1.17　OpenCV 库读取图像并获取直方图

OpenCV 库示例 2：利用 warpAffine()函数读取图像并平移图像，代码实现如下：

```
import cv2
import numpy as np
img＝cv2. imread('Yanqi_Lake. png')
#变换矩阵[1,0,50]表示横向平移 50 个像素，[0,1,25]表示纵向平移 25 个像素
H＝np. float32([[1,0,50], [0,1,25]])
rows,cols＝img. shape[:2]    #计算图片的尺寸
res＝cv2. warpAffine(img, H, (cols, rows))    #调用 warpAffine 函数实现图像平移
cv2. imshow('rigin_picture', img)
cv2. imshow('new_picture', res)
cv2. waitKey(0)
```

结果如图 1.18 所示。

图 1.18　OpenCV 库读取图像并平移图像

1.11.6　Matplotlib

Matplotlib 是一种基于 Python 语言的可视化工具库，它可以处理数学运算、绘制图表，或者在图像上绘制点、直线和曲线，使用方式与 Matlab 类似。Matplotlib 也是一个强大的 Python 可视化库。利用 Matplotlib 中的模块可以轻松画出曲线图、散点图、折线图、直方图、柱状图、饼图等。

Matplotlib 库中最常用的模块是 pyplot 模块，该模块是一个类似命令风格的函数集合，提供了类似于 Matlab 的绘图框架。pyplot 模块常见的绘图功能有绘制函数曲线、显示绘制图像以及标注图像信息等。

Matplotlib 库中的 pyplot 模块的示例：绘制给定函数曲线，代码实现如下：

```
import matplotlib. pyplot as plt
import numpy as np
x＝np. arange(10)
y1＝x ∗ 1. 5
y2＝x ∗ x
y3＝x ∗ 3. 5＋5
```

```
y4＝10 － x * 4.5
plt. plot(x,y1,'g',x,y2,'r',x,y3,'y',x,y4,'b')
plt. title('Function curve')
plt. xlabel('x')
plt. ylabel('y')
plt. show()
```

结果如图 1.19 所示。

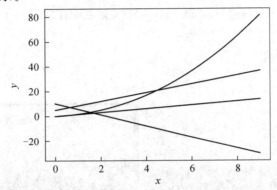

图 1.19　利用 Matplotlib 库的 pyplot 模块绘制函数曲线

利用 Matplotlib 库中的 animation 模块的示例：绘制点在正弦函数曲线上的运动，代码实现如下：

```
import numpy as np
import matplotlib. pyplot as plt
import matplotlib. animation as animation

def update_points(num):
    point_ani. set_data(x[num], y[num])
    return point_ani,

x＝np. linspace(0, 2 * np. pi, 100)
y＝np. sin(x)

fig＝plt. figure(tight_layout＝True)
plt. plot(x,y)
point_ani,＝plt. plot(x[0], y[0], "ro")
plt. grid(ls＝"－－")
♯开始制作动画
```

ani＝animation. FuncAnimation(fig，update_points，np. arange(0，100)，

interval＝100，blit＝True)

ani. save('sin_animation. gif'，writer＝'pillow'，fps＝10)

plt. show()

结果如图 1.20 所示。

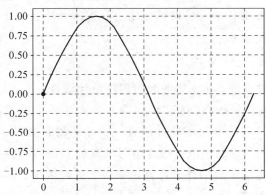

图 1.20　利用 Matplotlib 库中的 animation 模块绘制点在正弦函数曲线上的运动图

1.12　Python 与其他编程语言对比

随着科技的快速发展，软件开发行业也迅速发展起来，无论是人工智能还是大数据分析都需要编程来实现相应的功能。随着编程被广泛利用，编程的价值得到了大大的提升。2021年 10 月，语言流行指数的编译器 Tiobe 将 Python 加冕为最受欢迎的编程语言，这是 20 年来首次将其置于 Java、C 和 JavaScript 之上。根据最新 TIOBE 编程语言排行榜(2022 年 4 月)，Python 排名第一，接着是 C、Java、C＋＋、C♯。TOP10 编程语言的走势图如图 1.21 所示。

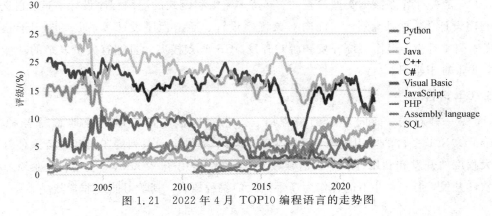

图 1.21　2022 年 4 月 TOP10 编程语言的走势图

1. Python 语言

Python 是一种解释型的、面向对象的、具有动态数据类型的高级程序设计语言，可以进行 Web 开发、视频游戏开发、桌面 GUI 开发、软件开发等。Python 作为最易于掌握的编程语言，其广泛的工具及功能库能够帮助用户轻松完成构建工作，同时随着物联网技术的普及而进一步发展。Python 作为一种解释型语言，其速度往往低于编译语言的速度，并且在移动计算领域的表现比较差。

2. C 语言

C 语言是一门面向过程的、抽象化的通用程序设计语言，广泛应用于底层开发。C 语言能以简易的方式编译、处理低级存储器。C 语言是仅产生少量的机器语言以及不需要任何运行环境支持便能运行的高效率程序设计语言。尽管 C 语言提供了许多低级的处理功能，但其仍然具有跨平台的特性。以一个标准规格写出来的 C 语言程序可在包括类似嵌入式处理器以及超级计算机等作业平台的许多计算机平台上进行编译。但是 C 语言不支持面向对象编程且学习起来比较困难。

3. Java 语言

Java 是一门面向对象的编程语言，它不仅吸收了 C++ 语言的各种优点，而且还摒弃了 C++ 里难以理解的多继承、指针等概念，因此 Java 语言具有功能强大和简单易用两个特征。Java 语言作为静态面向对象编程语言的代表，极好地实现了面向对象理论，允许程序员以简单的思维方式进行复杂的编程。但 Java 使用的内存量高于 C++，且学习起来比较困难。

4. C++ 语言

C++ 是一种静态数据类型检查的、支持多重编程范式的通用程序设计语言。它支持过程化程序设计、数据抽象设计、面向对象程序设计、泛型程序设计等，主要应用于软件开发、搜索引擎开发、操作系统开发和游戏开发。C++ 规模庞大且拥有大量复杂的功能交互方式，非常难于学习。

5. C♯ 语言

C♯ 是一种新的、面向对象的编程语言。它使得程序员可以快速地编写各种基于 Microsoft. NET 平台的应用程序，Microsoft . NET 提供了一系列的工具和服务来使开发人员最大程度地开发和利用计算与通信领域。C♯ 主要应用于 Windows 应用、企业级业务应用和软件开发。但 C♯ 并不适合作为新手的入门编程语言，其学习曲线非常陡峭。

习　题

1. Python 语法基础。

小萌和小明约定明天送小萌一颗糖，并从后天起，小明每天比前一天多送一倍的糖给小萌，到第 16 天（包含这天），小萌一共可以收到多少颗糖？请编程计算结果。

2. Python 常用语句。

（1）打印九九乘法表，要求输出结果与图 1.22 一致。

```
1×1=1
2×1=2   2×2=4
3×1=3   3×2=6   3×3=9
4×1=4   4×2=8   4×3=12  4×4=16
5×1=5   5×2=10  5×3=15  5×4=20  5×5=25
6×1=6   6×2=12  6×3=18  6×4=24  6×5=30  6×6=36
7×1=7   7×2=14  7×3=21  7×4=28  7×5=35  7×6=42  7×7=49
8×1=8   8×2=16  8×3=24  8×4=32  8×5=40  8×6=48  8×7=56  8×8=64
9×1=9   9×2=18  9×3=27  9×4=36  9×5=45  9×6=54  9×7=63  9×8=72  9×8=72
```

图 1.22　题 2 图

（2）判断输入年份是否为闰年（输入函数为 input）。

3. 字符串。

（1）如果一个字符串从前往后和从后往前读是一样的，那么这个字符串就是回文串。从键盘输入一段字符，并判断该字符是否为回文串。

（2）直接写出下面代码的执行结果，再编程验证。

string＝"Python is good"。

1. string[1:20] 2. string[20] 3. string[3:−4] 4. string[−10:−3]

5. string. lower() 6. string. replace("o", "0") 7. string. startswith('python')

8. string. split() 9. len(string) 10. string[30]

4. 数据类型。

（1）编写程序，首先生成一个包含 20 个随机整数的列表，然后对其中偶数下标的元素进行降序排列，奇数下标的元素保持不变，最后输出原始列表和变换后的列表。

（2）创建一个字典 dict，存储一个人的姓名、性别和手机号，创建之后，给字典 dict 中添加地址信息，并将字典 dict 中的所有信息打印出来。

（3）定义列表[11,22,33,44,55,66,77,88,99,90]，将所有大于 66 的值保存至字典的第一个 key 值中，将小于 66 的值保存至字典的第二个 key 值中。

（4）已知元组 tu＝('alex','eric','rain')，按照要求实现计算长度、获取指定元素、全部输出等功能。

5. 函数。

（1）编写函数，判断一个数是否为素数，若是则返回 YES，否则返回 NO。

（2）编写程序，首先生成包含 20 个随机数的列表，然后将前 10 个元素进行升序排列，后 10 个元素进行降序排列。

6．模块。

将判断是否为素数的函数储存在一个新的模块中，在主程序中通过导入模块来调用函数，从而实现判断素数的功能。

7．文件操作。

（1）新建 score. txt、bad. txt、pass. txt 三个文件。在 score. txt 文件中写入五名学生的姓名、学号和 3 门课程的成绩，结果如图 1.23 所示。

（2）将所有两门以上（含两门）课程不及格的学生信息输出到 bad. txt 文件中，其他学生信息输出到 pass. txt 文件中。

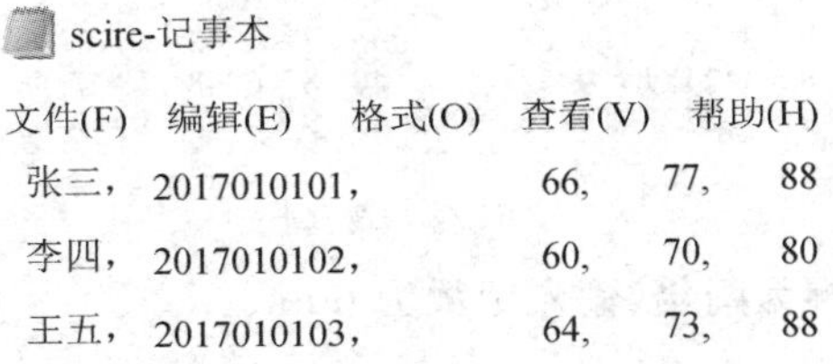

图 1.23　题 7 图

8．面向对象编程。

（1）定义一个 Animal 类，用 Animal 的 __init__()方法做一些值的初始化，并在Animal中封装一个所有动物都有的动作行为的方法。

（2）分别为 Mammal 和 Bird 定义一个类，继承 Animal 类，并定义一些各自拥有特殊动作行为的方法，并实现多态。

9．Python 图像处理库程。

（1）PIL 库。

① 使用 Python 给图像添加数字。

② 使用 Python 将一个图像放大缩小。

③ 使用 Python 将一个图像变模糊。

（2）Matplotlib 库。

① 绘制图像中的任意一个点和一条线。

② 绘制图像的轮廓图和直方图。

（3）NumPy 库。

① 导入 NumPy 库并简写为 NP。

② 打印 NumPy 的版本和配置说明。

③ 创建一个长度为 10 的空向量。

④ 创建一个长度为 10 的空向量并把该向量的第五个值赋值为 1。

⑤ 创建一个值域范围为 10 到 49 的向量。

⑥ 反转一个向量(第一个元素变为最后一个)。

⑦ 创建一个 3×3 并且值从 0 到 8 的矩阵。

⑧ 找到数组[1,2,0,0,4,0]中 0 元素的位置索引。

⑨ 创建一个 3×3 的单位矩阵。

⑩ 创建一个 3×3 的随机数组并找到它的最大值和最小值。

(4) SciPy 库。

计算两点之间的欧氏距离。

10. 综合练习。

S 和 D 为一椭圆的两个焦点，R_1 和 R 均在该椭圆上，如图 1.24 所示。现已知 R、S、D 三个点的坐标分别为 $(-1,0)$、$(0,0)$、$(2,0)$，且 SR 与 SR_1 之间的夹角为 $\pi/6$，求 R_1 点的坐标。

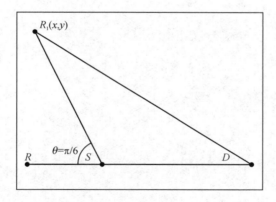

图 1.24　题 10 图

提示：可以借助 SciPy 库中 optimize 模块中的 fsolve() 函数。fsolve() 函数使用示例：求解方程组

$$\begin{cases} x + y^2 - 4 = 0 \\ e^x + xy - 3 = 0 \end{cases}$$

代码实现如下：

```
from scipy. optimize import fsolve
import math

def equations(p):
```

```
        x,y=p
        return(x+y**2-4,
               math.exp(x)+x*y-3)
    x,y=fsolve(equations,(1,1))
    print((x,y))
```

参 考 文 献

[1] LUTZ M. Python 学习手册[M]. 3 版. 侯靖，译. 北京：机械工业出版社，2009.

[2] CHUN W J. Python 核心编程[M]. 2 版. 宋吉广，译. 北京：人民邮电出版社，2008.

第 2 章　几何光学基础

2.1　光的波粒二象性

2.1.1　历史

　　光和水、空气一样，是生命存在的重要条件。然而这个看得见，摸不着，没有气味也没有重量的东西到底是什么？

　　古希腊的哲学家柏拉图认为有三种不同的光，分别来自眼睛、被看到的物体以及光源本身，视觉是三者共同作用的结果[1]。但这个解释显然太复杂了，后来经过罗马哲学家和伊斯兰科学家的努力才形成了一个统一的说法，即光是从光源发出，照到物体上反射进入我们眼睛的结果。随后，欧几里得、托密勒、哈桑和开普勒等分别对光的直线传播和折射进行了研究，最后在 1621 年被费马归结为一个简单的法则，那就是"光总是走最短的路线"，这奠定了现代光学研究的基础。笛卡尔根据声波的传播原理，首次假定了光是一种波。随后，意大利数学家格里马第观察到，光经过小孔后形成明暗条纹，他联想到水波，从而提出光是一种类似水波的波动。

　　1665 年，胡克重复了格里马第的工作，并仔细观察了光经过肥皂泡和云母片产生的一些扭曲但有规律的彩色条纹，这和纵波的传播类似，从而提出光是一种通过"以太"介质传播的纵向波。1666 年，牛顿发现光经过棱镜后会发生色散现象，他对粒子说进行了完善，用于解释牛顿环和双折射等现象。同时期，惠更斯发展了光的波动说，并巧妙地引入了波前可以分解成无数子波的理论，成功地证明和推导了光的反射定律和折射定律，也很好地解释了光的衍射现象。

　　1807 年，托马斯·杨描述了著名的杨氏双缝干涉实验，并阐述了如何用光波的干涉效应来解释牛顿环和衍射，从而与数学理论完美地契合，这一度成为光是一种波动的铁证。然而，1905 年，爱因斯坦发现了光电效应，光的波动说再次面临挑战。因为在光电效应里，光能量是一份一份被接收的，这与微粒说的本质一致。直到 1945 年，法拉第发现光是一种电磁波，符合麦克斯韦经典电磁场理论。同时，科学家们进行了电子束双缝实验，证明了电子束也存在类似光波的干涉现象，说明干涉条纹这个现象并不仅仅是有波动才会发生，电子束同样也有这种现象。

现在普遍认为，光是一种电磁波，同时具有粒子性和波动性。光的色散、双缝干涉、电子束双缝实验如图 2.1 所示。其中光的色散实验如图 2.1(a)所示，光的双缝干涉实验如图 2.1(b)所示，日本外村彰团队在 1988 年做的电子束双缝实验如图 2.6(c)所示。

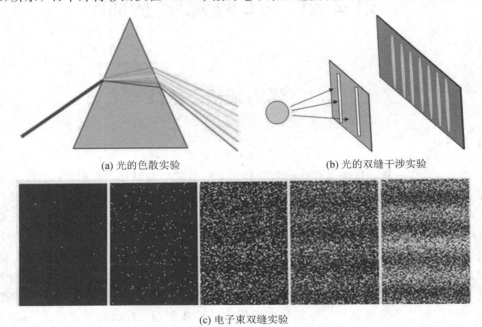

(a) 光的色散实验　　　　　　　　　　(b) 光的双缝干涉实验

(c) 电子束双缝实验

图 2.1　光的色散、双缝干涉和电子束双缝实验

2.1.2　光子

光作为粒子的最小单元，可以叫作光子，也可以叫作光量子。在相对论里，光子的能量是不连续的，可以被划分成一个个最小的单元，叫作光量子(photon)，光量子的能量用 E 表示，它是频率和一个系数的乘积，即 $E=hf$，其中 h 是普朗克常数，$h=6.626\mathrm{e}-34$。

不同波长范围的光量子具有不同的能量。可见光的波长范围是 430～700 nm，根据速度＝频率×波长，即 $f=c/\lambda$（其中 c 是光速，f 是频率，λ 是波长），且光速与介质无关，$c=(299\ 792.50\pm0.10)$ km/s（一般取 300 000 km/s），所以对应的频率范围为

$$f=\frac{c}{\lambda}=300\ 000/(430\sim700)=(7\sim4.3)\times10^{14}\ \mathrm{Hz}$$

一个电子伏是 1.6×10^{-19} J，所以一个可见光粒子能量大概是 2～3 个电子伏，常见光子的能量如表 2.1 所示。

表 2.1　常见光子的能量

伽马射线	41 MeV
X 射线	4 KeV
紫外线	41 eV
无线电波	40 neV
60 Hz 电磁波	2×10^{-13} eV

其他频率的光子，比如伽马射线、X 射线等，都对应不同的电子伏。也就是通常说的有些电磁波是高能量的，有些是低能量的。高能量的电磁波穿透性较强。例如，X 射线就能够直接穿透人的骨骼，这也是胸透拍片的原理。X 片其实就是 X 射线穿过人体形成的黑白图像，其中颜色深的部分代表骨头等物质密度高的部分，颜色浅的部分就是血管和肌肉等物质密度低的部分。

光照度也可以用光子数目来表征，即单位面积内的光子数目。表 2.2 给出了一些常见光源的光照度数量级。

表 2.2　常见光源的光照度数量级

汇聚的激光（10 mW）	10^{26}
准直的激光（1 mW）	10^{21}
太阳光	10^{18}
月亮光	10^{12}
星光	10^{10}

光的粒子性有三个重要的应用，即发射光谱、吸收光谱和光电效应，对应设备分别为原子发射光谱仪（如图 2.2(a)所示）、原子吸收光谱仪（如图 2.2(b)所示）和光伏逆变器（如图 2.2(c)所示）。发射光谱又叫明线光谱、特征光谱，即元素在与其他物质相互作用时只能产生特定颜色的光。氢、纳、汞等常见元素的发射光谱如图 2.3 所示。在中学化学实验里，不同元素燃烧时发出不同颜色的光，就是这一现象。吸收光谱是指白光通过气体时，气体吸收与特征谱线波长相同的光，所以吸收光谱主要是针对气体而言的。光电效应是指光束照射特定材料的物质时会使其产生电子的效应。只有光的频率达到特定的频率时才能产生电子，这在绝对意义上证明了光子是不连续的。

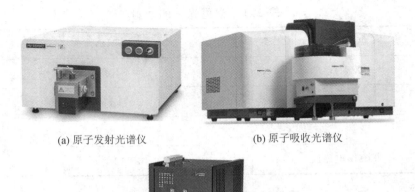

(a) 原子发射光谱仪　　　　　　　　　(b) 原子吸收光谱仪

(c) 光伏逆变器

图 2.2　光粒子性应用设备

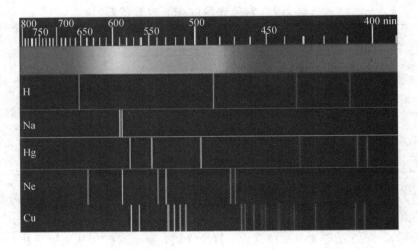

图 2.3　常见元素的发射光谱

2.1.3　光波

在光的波动说里,光作为一种波动可用波动方程来描述,即

$$\boldsymbol{U}(\boldsymbol{r},\, t) = \boldsymbol{U}(\boldsymbol{r})\mathrm{e}^{-\mathrm{j}\omega t}$$

$$\lambda = \frac{v}{f},\ w = 2\pi * f$$

其中，频率 f 为光的固有属性，不随介质的变化而变化；波数 w 为单位空间距离内完整波的数目，以 2π 为一个完整波计算；光速 v 为光真空速度 $c = 3 \times 10^8$ m/s，其他介质中是与介质折射率有关的函数；波长 λ 为光在一个频率周期内的传播距离，与光速有关（$\lambda = v/f$）。

我们在用手机镜头拍照时会发现，照片的边缘有发紫的现象，这就是因为光进入光学玻璃后，不同波长的光的传播速度不同，从而导致波长偏紫色的光不能很好地汇聚在焦平面上而出现的现象。

光的波动会形成干涉、衍射等现象，我们将在物理光学中对这些现象进行描述，并用 Python 编程实现具体的示例。

在这一章，我们主要探讨几何光学。几何光学是指我们所考虑的光学器件（包括光斑）的大小远远大于波长时，衍射效应几乎可以忽略，光近似沿直线传播，此时，光波就可以用光线来表征。比如前面提到的双缝干涉实验（实验原理图如图 2.4 所示），如果狭缝直径变得远远大于波长，那么会发生什么？

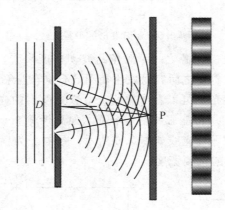

图 2.4　双缝干涉实验原理图

已知 $\sin\alpha = K\lambda/D$，其中 α 是衍射角，K 是常数，D 是狭缝的宽度。当 D 远大于波长时，$\lambda/D \to 0$，衍射角 α 也趋于零，此时衍射效应可以忽略，光波近似为直线，也就是我们所说的光线。可以看出，几何光学是波动光学在特定情况下的近似，其中波动光学一般是在波长量级的尺寸上考虑光的效应，而几何光学是更大尺度上的光学现象。

2.1.4　光线

光波体现光传播的过程，每束光的传播面也可以叫作波前。光线是与光波面垂直的一系列带箭头的直线，是几何光学中最重要的概念之一。光线的表征对设计后续光学系统和理解光学成像有很重要的意义。光学系统一般都是从光源开始设计的，下面我们先来认识常见的光源。

常见的发光物体有太阳、白炽灯泡、LED、激光等。太阳发出的光线一般可以看成是无穷远处发出来的平行光。由于太阳相对地球有一定的夹角，因此来自太阳的光线可以理解为以一定角度发出来的平行光，如图 2.5 所示。

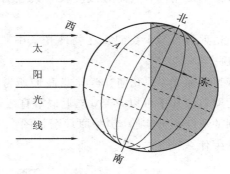

图 2.5　太阳发出的平行光线

激光是物理光学里常见的光源之一，从光的波动角度来看，激光属于单色光，所以其相干性好，光波经过空间障碍物之后容易发生衍射、干涉等现象；从光线的角度来看，由于激光的发散角很小，因此激光也可以看成平行光。激光发出的光线是一堆平行直线，但同时激光的某一横截面上的能量可能服从特定分布，如高斯分布，所以激光发出的光线的分布是不均匀的，激光发出的平行光线如图 2.6 所示。图中 I 为横截面处的光强分布，I_0 为中心位置的光强，ω 为激光的束腰宽度。

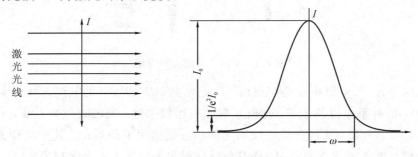

图 2.6　激光发出的平行光线

　　由于 LED 光源的发光面很小，且发散角较大，因此在距离比较远的时候可以将其看成一个点光源。从角分布的角度来看，LED 光线并不是均匀光，在中心区域，光强强一些；在边缘区域，光强弱一些，如图 2.7 所示，图中 I 为横截面处的光强分布。

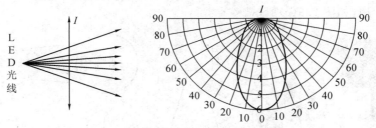

图 2.7　LED 发出的发散光线

　　为了更好地理解光子、光波和光线这三个概念，我们把它们对应的知识框架进行了一个总结，即光线对应几何光学，光波对应物理光学，光子则对应量子光学。量子光学、物理光学和几何光学的关系如图 2.8 所示。量子光学的范围最广，是光学的基石，它考虑的是微观意义上单个光子和其他粒子作用的结果，它的理论也适用于一切光学，如果不做近似，那么处理宏观问题会造成极大的计算量；物理光学是把光看成光波，在近似光波长的空间维度上研究光的性质；几何光学是把光看成沿直线传播的光线，适用的空间维度一般远大于光波长维度。

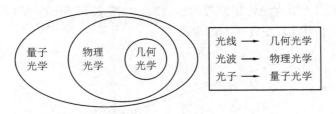

图 2.8　量子光学、物理光学和几何光学的关系

2.2　几何光学理论

2.2.1　光的直线传播

1. 光的直线传播

　　光的独立传播定律是指以不同途径传播的光同时在空间某点相遇时，彼此互不影响，独立传播。如果需要计算当前相遇的两束光的光强，那么把它们的强度相加即可，即光强总是增强的。反之，在干涉情况下，两束光的叠加可能导致光强增强和减弱，从而形成条纹。

在光的独立传播基础上，光在各不相同属性的均匀介质中沿直线传播，这就是光的直线传播定律。这一定律在早期光学研究里就已经获得了广泛应用。光沿直线传播的应用如图 2.9 所示，其中利用小孔成像原理制作的针孔相机和早期照相机分别如图 2.9(a)和图 2.9(b)所示，日食如图 2.9(c)所示。

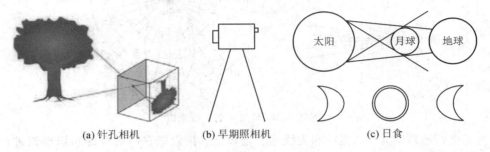

(a)针孔相机　　　　　　　(b)早期照相机　　　　　　　(c)日食

图 2.9　光沿直线传播的应用

2. 举例说明光的直线传播

早期的照相机利用的是小孔成像原理。假设相机胶片对角线尺寸为 36 mm，胶片比例为 4∶3，胶片距离小孔的最短距离为 50 mm。如果摄影师想拍一个 1.6 m 的人，那么小孔距离人的最短距离是多少？请用 Python 编程并计算。

先依据题意画出光沿直线传播问题的示意图，如图 2.10 所示，然后根据光的直线传播原理，利用相似三角形计算小孔和人的距离。

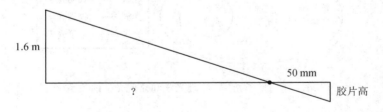

图 2.10　光沿直线传播问题示意图

用 Python 代码实现如下：

```
import math
# 计算胶片高度
sensorDia=36        # 胶片对角线尺寸
sensorHt=36/math.sqrt(3**2+4**2)*3
print("The sensor height is %3.2f mm" %sensorHt)
            # 计算小孔距离人最短距离
focal=50            # mm
```

personHt＝1.6　　＃ m

distance＝focal * personHt/sensorHt

print("The distance is ％3.2f m"　％distance)

输出结果为

The sensor height is 21.60 mm

The shortest distance is 3.70 mm

2.2.2　光线的折射与反射

1. 光线的折射(Refraction)与反射(Reflection)

光在不同介质中传播速度不同，在介质面上会改变光波传播方向，可以等效为光线的折转。光线的折射如图 2.11 所示，光线进入水里以及光线经过透镜之后发生汇聚都是光线折射的结果。

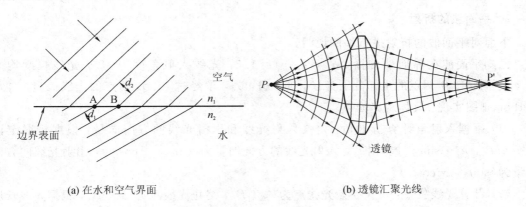

(a) 在水和空气界面　　　　　　　　(b) 透镜汇聚光线

图 2.11　光线的折射

定量计算光线折射角度的公式就是折射定律，也叫作斯涅尔定律(Snell's Law)。折射定律的简单表述为入射光线、法线和折射光线在同一个平面内，在一定温度和压力下，折射角和入射角的正弦之比对一定波长的光线而言为一常量，即

$$\frac{\sin\theta_2}{\sin\theta_1} = \frac{n_1}{n_2}$$

其中，θ_1 和 θ_2 分别为入射角和折射角，n_1 和 n_2 为光线在两种介质中的折射率，它们与温度、压力和波长都有关系。光的反射也遵循这一定律，只需要计算时令 $n_2 = -n_1$ 即可。

一般地，光的折射率大的物质叫作光密介质；光的折射率小的物质叫作光疏介质。光线从光密介质到光疏介质，折射角大于入射角；反之，折射角小于入射角，如图 2.12 所示。

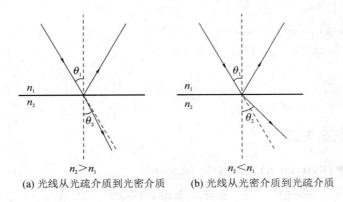

(a) 光线从光疏介质到光密介质　　(b) 光线从光密介质到光疏介质

图 2.12　折射定律

2. 平面波的折射

下面对平面波的折射进行举例说明。

已知平面波在界面处传播，$n_1 = 1$，$n_2 = 1.5$，光线入射角度为 $45°$，光线长度均为 10 cm，且 A、B 两点的坐标分别为 $(0，0)$、$(1，0)$，求经过 A、B 两点的光线矢量，并用 Python 画图实现。具体思路如下。

（1）根据入射角计算折射角，定义入射光线和出射光线的方向向量：根据折射定律 $n_1 \cdot \sin t_1 = n_2 \cdot \sin t_2$ 计算出 t_2，入射光线的方向向量为 $(\sin t_1，-\cos t_1)$，出射光线的方向向量为 $(\sin t_2，-\cos t_2)$。

（2）计算光线位置：可设初始光线点为 A_0、B_0，终止光线点为 A_1、B_1，根据光线长度计算光线的具体位置。

（3）画图：用 matplotlib. pyplot 画出来所有的光线。

用 Python 代码实现如下：

```
import math
import numpy as np
import matplotlib. pyplot as plt


t1＝45 * math. pi/180                    # 入射光线角度
n1＝1；n2＝1.5；rayLength＝10
t2＝math. asin(math. sin(t1) * n1/n2)      # 出射光线角度
v1＝np. array([math. sin(t1),−math. cos(t1)])
v2＝np. array([math. sin(t2),−math. cos(t2)])
```

```
pA＝np. array([0,0]); pB＝np. array([1,0])
pA0＝pA － rayLength * v1              # 光线 A 初始点
pB0＝pB － rayLength * v1              # 光线 B 初始点
pA1＝pA＋rayLength * v2               # 光线 A 结束点
pB1＝pB＋rayLength * v2               # 光线 B 结束点
xA＝np. array([pA0[0],pA[0],pA1[0]])
yA＝np. array([pA0[1],pA[1],pA1[1]])
xB＝np. array([pB0[0],pB[0],pB1[0]])
yB＝np. array([pB0[1],pB[1],pB1[1]])
plt. plot(xA,yA,'k',label＝'ray A')     # 光线 A 画图 plt. plot(xB,yB,'r',label＝'ray B')
                                       # 光线 B 画图
plt. plot([－5,5],[0,0],':g')
plt. annotate('n1',xy＝(3,1),fontsize＝16)
plt. annotate('n2',xy＝(3,－2),fontsize＝16)
plt. legend(); plt. show()
```

输出结果如图 2.13 所示。

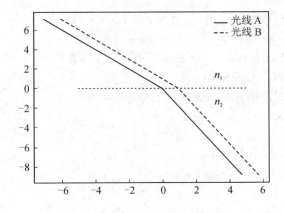

图 2.13　平面波的折射输出结果

3. 球面波的折射与传播

下面对球面波的折射和传播进行举例说明。

理想透镜能把物点发出的光汇聚成理想球面波，用 Python 画图实现这一过程，其中球面波出射位置坐标为 $P(0,0)$，经过透镜之后汇聚于点 $P'(100,0)$，透镜的厚度为 5 mm，前后顶点坐标分别为 $(45,0)$ 和 $(50,0)$，画出五条从 P 发出的光线（角度均匀采样为 $-10°$、$-5°$、$0°$、$5°$、$10°$），经过透镜后汇聚于点 P'。（注：此处不要求透镜的几何外形，默认透镜的前后表面均为平面。)

具体思路如下：

(1) 定义坐标系、入射角度、光源点的位置坐标。

(2) 计算光线在透镜前表面交点的位置坐标。由于不考虑透镜的曲率半径，因此后表面交点的 y 轴坐标与前表面的一致。

(3) 根据计算结果画图。

用 Python 代码实现如下：

```python
import math
import numpy as np
import matplotlib. pyplot as plt


t=np. array([-10,-5,0,5,10])/180 * math. pi  # in arc
th1=45; th2=50; th3=100; lensR=10
s1y=th1 * np. sin(t)  # record y at surface 1
s2y=s1y
for i in range(len(t)):
    plt. plot([0,th1,th2,th3],[0,s1y[i],s2y[i],0],'k')
plt. annotate('P',xy=(0,-5),fontsize=10)
plt. annotate('P\'',xy=(98,-5),fontsize=10)
plt. plot([th1,th1],[-lensR,lensR],'g')
plt. plot([th2,th2],[-lensR,lensR],'g')
ax=plt. gca(); ax. set_aspect ('equal')
plt. xlim(-5,105); plt. ylim(-15,15)
plt. title('Ideal lens with sphere wave')
plt. xlabel('z/mm'); plt. ylabel('y/mm')
plt. show()
```

输出结果如图 2.14 所示。

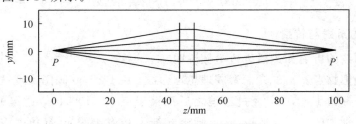

图 2.14　球面波的折射输出结果

2.2.3　全反射

1. 全反射(TIR,Total Internal Reflection)

当光从光密介质到光疏介质时,折射角总是大于入射角。此时,一部分光线会折射进入另一种介质,而另外一部分光线会在介质面上发生反射,也就是部分反射、部分透射。(介质面上的现象属于物理光学,我们将在下一章阐述如何计算反射率和透过率)。当入射角进一步增加使得折射角达到90°时,将会发生全反射现象,这时入射角叫作临界角(Critical Angle)。部分反射和全反射如图 2.15 所示。临界角的计算公式为

$$\theta_c = \arcsin\left(\frac{n_2}{n_1}\right)$$

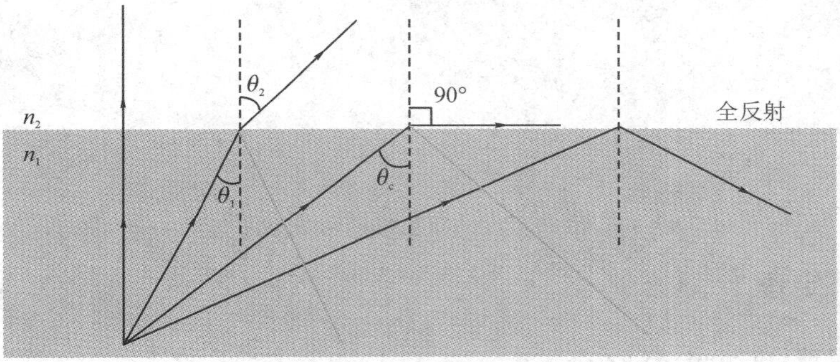

图 2.15　部分反射和全反射

全反射有很多非常好的应用实例。例如,我们每天都要用的网络和光纤通信就利用了全反射的原理。光纤的全反射如图 2.16 所示。光纤的光芯部分的折射率是 1.45,在光纤的外面还有一层薄薄的包层材料,其折射率是 1.38,通过计算可知全反射的临界角为 72.12°。所以,光纤的入射光线有一定的角度要求,满足该角度要求的入射角叫作光纤的接收角,超过这个角度的光线将会折射出去,也就是光纤的漏光现象。

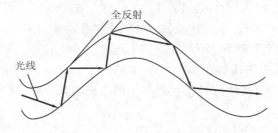

图 2.16　光纤的全反射

2. 趣味物理现象：海市蜃楼

海市蜃楼是自然界中空气全反射造成的自然奇观，一般有下蜃景和上蜃景两种。海市蜃楼的形成原理如图 2.17 所示。下蜃景是指远方高处物体的光线向下传播（光密到光疏），不断折射弯曲，在地面附近正好全反射，造成光线是从地面或地下面发出的假象。所以，下蜃景一般发生在地面附近。上蜃景是指远方低处物体的光线向上传播（光密到光疏），不断折射弯曲，在空中的某个位置正好全反射，造成光线是从空中发出的假象。所以，上蜃景一般发生在空中。

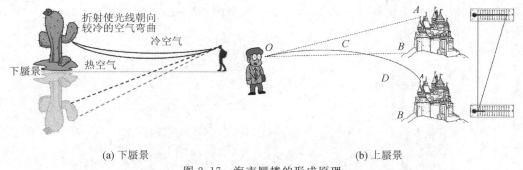

(a) 下蜃景　　　　　　　　　　　　　　　　　(b) 上蜃景

图 2.17　海市蜃楼的形成原理

2.2.4　费马定理

1. 费马定理（Fermat's Law）

17 世纪 20 年代，物理学家们都在思索光的运动性质。例如，光究竟是如何选择运动路径的？光在均匀介质中为什么走直线而不走曲线？光在不同介质中为什么会发生反射或折射，而不继续走直线？

这些问题的答案在 1662 年由法国科学家皮埃尔·德·费马（Pierre de Fermat）归结为一个简单的法则，即光线传播的路径是耗时最少的路径，这是最早版本的费马定理。后来，科学家们经过研究发现，光并不总走时间最短的路径，但是光的路径总是一个极值，可以是极大值、极小值或者常量，用公式可以表述为 $\Delta S = 0$，其中 S 为光程。费马定理更正确的称谓应是"时间极值原理"，即光沿着所需时间为极值的路径传播。所谓的极值是数学上的微分概念，可以理解为一阶导数为零，它可以是极大值、极小值甚至是拐点。

光程是光线在介质中传播的距离与折射率的乘积。费马定理中光程的计算如图 2.18 所示。其中图 2.18(a)中展示了几种不同折射率的光在均匀介质中会发生折射，其光程的计算公式为

$$S = \sum_{i=a,b,c,d} n_i s_i$$

图 2.18(b)所示为光在非均匀介质中的运动情况，其光程的计算公式为

$$S = \int n(x, y, z) \, \mathrm{d}l$$

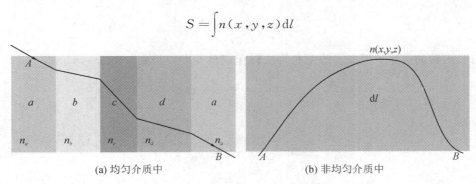

(a) 均匀介质中　　　　　　　　　　　(b) 非均匀介质中

图 2.18　费马定理中光程的计算

　　虽然费马定理的表述很简单，但却可以用来推导 2.1、2.2 和 2.3 节中所有的几何光学定律。下面我们用费马定理的推导折射定律，示意图如图 2.19 所示。

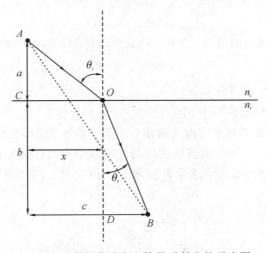

图 2.19　利用费马定理推导反射定律示意图

　　在两种介质中，光从 A 点到 B 点，列出光经过两段路径的耗时 t_1 和 t_2 分别为

$$t_1 = \frac{OA}{v_i}, \quad t_2 = \frac{OB}{v_t}$$

其中，v_i 和 v_t 分别为光在两种介质中的速度。

　　假设光到 O 点的垂直距离为 x，根据勾股定律计算这两段路径的长度，在 $\triangle AOC$ 中，$OA = \sqrt{a^2 + x^2}$，在 $\triangle BOD$ 中，$OB = \sqrt{b^2 + (c-x)^2}$，所以

$$t = t_1 + t_2 = \frac{\sqrt{a^2 + x^2}}{v_i} + \frac{\sqrt{b^2 + (c-x)^2}}{v_t}$$

　　根据费马定理知光会选择耗时最少的路径，所以需要令上面式子的偏微分为 0，即

$$\frac{\mathrm{d}t}{\mathrm{d}x} = \frac{x}{v_i \sqrt{a^2 + x^2}} - \frac{c - x}{v_t \sqrt{b^2 + (c - x)^2}} = 0$$

根据三角函数的关系，把以上的距离再次转化成角度可以得到，在△AOC中，

$$\sin\theta_i = \frac{x}{\sqrt{a^2 + x^2}}$$

在△BOD中，

$$\sin\theta_t = \frac{c - x}{\sqrt{b^2 + (c - x)^2}}$$

所以

$$\frac{\mathrm{d}t}{\mathrm{d}x} = \frac{\sin\theta_i}{v_i} - \frac{\sin\theta_t}{v_t} = 0$$

将上式的左右调整下顺序可以得到

$$v_t \sin\theta_i = v_i \sin\theta_t$$

将 $v = c/n$（c 为光在空气中的速度）带入上式就可以得到折射定律的表达式，即

$$n_i \sin\theta_i = n_t \sin\theta_t$$

2. 费马定理的应用

下面对费马定理的应用进行举例说明。

小明在堤坝走的时候听到水库有人落水，小明、堤坝、水库之间的距离关系如图 2.20 所示。假设小明在水里和空气中的速度比值与光的运动类似，均为 1.33。已知堤坝高 18 m，落水者距离小明水平距离为 3 m，落水者在水下 4 m 位置。问小明如何选择合适入水点才能以最短时间救出落水者？

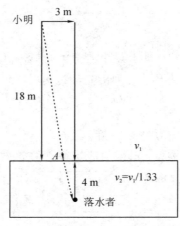

图 2.20　小明、堤坝、水库之间的距离关系

　　思路：建立坐标系，则小明的位置为 $(0,18)$，落水者的位置为 $(3,-4)$。假设小明在空气中的速度为 v_1，在水中的速度为 $v_1/1.33$，先根据距离和速度计算小明到达落水者位置的时间，再利用 Optimize 模块即可算出点 A 的位置。

　　用 Python 代码实现如下：

```
from scipy import optimize
import math
import numpy as np
def dist(p0,p1):
    return math.sqrt(sum((p0-p1)**2))
p0=np.array([0,18])              # 小明位置
p1=np.array([3,-4])             # 落水者位置
v1=1                            # 陆地上速度
v2=1/1.33                       # 水里速度
                                # 建立方程并通过 SciPy 求最小值
fun=lambda x:dist(p0,np.array([x,0]))/v1+dist(p1,np.array([x,0]))/v2
res=optimize.minimize(fun,0)              # 求令表达式最小的 x 值
np.set_printoptions(suppress=True, precision=3)  # 全局精度 3 位小数
print("The best distance is %3.2f m" %res.x)
A=np.array([*res.x,0])
print("The optimal position A is：",A)    # 输出 A 点位置
```

　　输出结果为：

　　The best distance is 2.57 m

　　The optimal position A is：[2.572　0.]

2.2.5　完善成像

1. 完善成像 (Perfect Imaging)

　　几何光学最广的用途就是设计光学成像系统。典型的光学成像系统是由一系列的折射面、反射面组成的，目前一些更加轻薄的镜头里也会包含衍射光学元件。这里我们讨论仅包含透镜和反射镜的情形。

　　对有限远物体成像的系统称为有限共轭系统。例如，显微镜就是典型的有限共轭成像系统。一个理想有限共轭成像系统及基本概念如图 2.21 所示。图中，y、y' 分别为物高和像高，f、f' 分别为物面和像面的焦距，d、d' 分别为物面和像面到透镜中心的距离。反之，对无限远物体成像的系统称为无限共轭系统。例如，望远镜物镜就是一个无限共轭成像系统。一个典型的无限共轭成像系统——广角物镜镜头如图 2.22 所示。

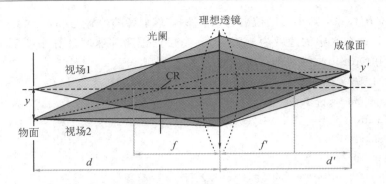

图 2.21　一个理想有限共轭成像系统及基本概念

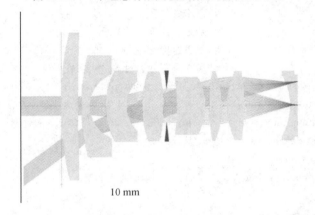

图 2.22　一个典型的无限共轭成像系统——广角物镜镜头

下面介绍理想共轭成像系统的基本概念。

（1）光轴（Optical Axis）：经过透镜前后球心的连线。

（2）实物（像）点（Real Image）：实际光线的交点，可以被屏幕接收。

（3）虚物（像）点（Virtual Image）：光线延长线的交点，不可以被屏幕接收。

（4）有限共轭成像（Finite Conjugate）：物点在有限远处，可以用物高描述。

（5）无限共轭成像（Infinity）：物点在无穷远处，只能从光线的角度（视场角）进行描述。

（6）视场（Field）：同一物点/角度发出来的一束光线，它们需要在像方汇聚成一个点，这样的一束光叫作一个视场。

（7）孔径光阑（Aperture Stop）：在光学系统里，限制光束孔径的遮拦元件，每个视场的光束口径都是由光阑决定的。

（8）渐晕（Vignette）：如果有些光束被孔径光阑限制而不能完整传递到下一面，那么会导致不同视场到达像面的光束亮度不同。

（9）理想透镜（Ideal Lens）：不考虑实际的物理限制（厚度、材料等），只考虑光线的折转并汇聚成一个与物体完全相似的像。

（10）主光线（Chief Rays，CR）：任意视场发出的一条经过孔径光阑中心的光线，它一般是形成像点的基准光线，其他光线都需要汇聚于此。

当一个光学系统所获得的像能够与物完全相似，而且每个物点都刚好汇聚于一个像点，这样的成像称为完善成像，光学系统的完善成像条件如图 2.23 所示。绝大部分光学成像系统设计的目的就是为了获得完善成像。为此，我们首先要知道什么样的系统能够完善成像。根据费马定理，如果物点和像点之间的所有光线都能够获得相等光程，那么这样的系统既符合光的传播规律，又达到了完善成像条件。

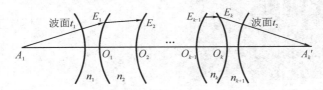

图 2.23　光学系统的完善成像条件

图 2.23 所示是包含一系列折射面的一个光学系统，从 A_1 到 A'_k 可经过 $k+1$ 个不同的间隔。任意从 A_1 点发出的光线达到 A'_k 点有无数可能，但是无论怎么走，总有一条光线是经过光轴的，路径为 $A_1 \rightarrow O_1 \rightarrow O_2 \cdots \rightarrow A'_k$，它的光程为

$$OPL_0 = n_1 A_1 O_1 + n_2 O_1 O_2 + \cdots + n_k O_{k-1} O_k + n_{k+1} O_k A'_k$$

假设任意一条光线的路径为 $A_1 \rightarrow E_1 \rightarrow E_2 \cdots \rightarrow A'_k$，那么它的光程为

$$OPL_1 = n_1 A_1 E_1 + n_2 E_1 E_2 + \cdots + n_k E_{k-1} E_k + n_{k+1} E_k A'_k$$

如果这两条光线能够成完善像，那么它们需要同时汇聚于同一点 A'_k。根据费马定理可知，光总是会走时间最短的路径，所以两条光线的路径 OPL_0 必然等于 OPL_1。同样地，A_1 点发出的任意其他光线也必然满足

$$OPL_i = OPL_0 = 常量$$

即对任意物点发出的所有光线，如果到达其对应像点的光程相同，那么这个系统就能够完善成像。当然我们这里仅仅列举了单个视场（物点）的情形，而实际光学系统要考虑的视场会更多，因而更难满足这一条件。

完善成像条件可以用来设计许多的光学系统。很多经典反射系统都是利用费马定理来实现的。尤其在早期没有光学设计软件时，人们就是通过简单的几何、数学方法来设计反射镜的。

太阳能聚光镜是利用抛物面设计实现的，它满足光程相同这一条件，太阳能聚光镜的光学原理如图 2.24 所示。根据抛物面的性质，从 A 点所在平面的光线沿水平方向到抛物

面上 B 点后汇聚到焦点 F，所有光线的总距离和是常数，即 $AB+BF=S=$ 常量。设计太阳能聚光镜时，假设太阳光是从无穷远照进反射镜的，最后都会汇聚成 A 点，该点用于放置太阳能电池，可最大效率地利用太阳能。

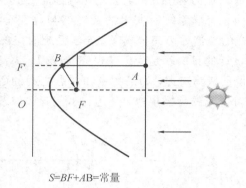

图 2.24　太阳能聚光镜的光学原理

　　著名的哈勃望远镜是采用一个双曲面和一个抛物面组合来实现的，它也符合完善成像条件，哈勃望远镜的成像原理如图 2.25 所示。双曲面上的任一点到两个焦点距离之差是一个常量，即 P 点发出的以 F_2 点为虚像点的光线经过双曲面反射后汇聚于 F_1 点，此时光程之差是一个常量。在哈勃望远镜的设计中，主镜采用了抛物面，也就是无限远的光线经过主镜后都会汇聚于虚像点 F_1，而该点正好是双曲面的一个焦点，经过次镜双曲面反射之后的光线都会汇聚于双曲面的另一个焦点 F_2。按照这一原理设计的望远镜系统的特点是，它只能对一个张角比较小的星体进行成像。如果星体的张角超过一定范围（比如大于 $1°$），那么像差就会很明显，拍到的星体的边缘就会明显不清晰。

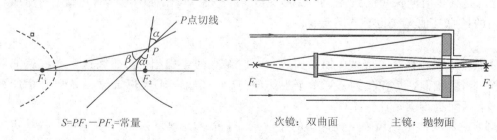

图 2.25　哈勃望远镜的成像原理

2. 完善成像条件的应用——设计椭球面

下面举例说明完善成像条件的应用——设计椭球面。

已知镜面为椭球面，光线由 A 点发出，B 点为接收点，如图 2.26 所示，其中 $A(-40,0)$，$B(40,0)$，$P(0,30)$，反射镜直径为 60 mm。在 Python 里画出来满足条件的反射镜。

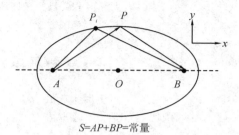

$S=AP+BP=$ 常量

图 2.26 设计椭球面

具体思路如下。

方法一：椭圆示意图如图 2.27 所示，根据解析几何，焦点为 $F_1(-c,0)$ 和 $F_2(c,0)$，且椭圆满足以下方程（可直接用函数实现）：

$$|MF_1|+|MF_2|=2a \quad (2a>2c>0)$$

$$b^2=a^2-c^2$$

$$\frac{x^2}{a^2}+\frac{y^2}{b^2}=1 \quad (a>b>0)$$

所以当 $y>0$ 时，

$$y=b\sqrt{1-\frac{x^2}{a^2}}$$

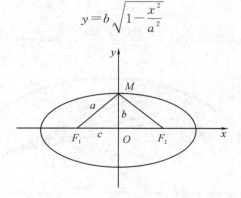

图 2.27 椭圆示意图

用 Python 代码实现如下：

```
import numpy as np
import math
import matplotlib. pyplot as plt
```

```
from scipy. optimize import fsolve

c＝40；b＝30；a＝math. sqrt(b * * 2＋c * * 2)        # 根据已知条件计算椭圆参数
x＝np. arange(－40,40,0. 1)                        # 椭圆方程
y＝b * np. sqrt(1－x * * 2/a * * 2)
plt. plot(x,y,'k',linewidth＝4)                    # 画椭球面


x1＝np. arange(－40,0,5 )                          # x 取值
y1＝b * np. sqrt(1－x1 * * 2/a * * 2)              # y 取值


for i in np. arange(0,6)：                        # 两点连线
    plt. plot([－40,x1[i]],[0,y1[i]],'b')
    plt. plot([40,x1[i]],[0,y1[i]],'b')


plt. plot([－40,40],[0,0],' * k')                 # 画两个焦点
plt. plot([－40,40],[0,0],':r')                   # 画坐标轴
plt. plot([0,0],[－10,40],':r')
ax＝plt. gca()；ax. set_aspect ('equal')；plt. xlim(－50,50)；plt. ylim(－15,45)
plt. title('Ideal elliptical mirror')；plt. xlabel('x/mm')；plt. ylabel('y/mm')
plt. show()
```

输出结果如图 2.28 所示。

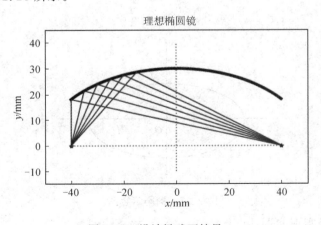

图 2.28　设计椭球面结果一

方法二：根据费马定理可知，如果需要完善成像，那么 A 点发出的任何光线经过反射镜到达 B 点的光程需要相等。首先根据光源 A、接收器 B 和反射镜的位置 P 计算出光程；然后给光线角度一个增量 θ 并计算 P_i，需要满足如下条件：

（1）光程相等，即 $|AP_i|+|P_iB|=|A|$。

（2）光线满足的三角关系如图 2.29 所示，利用该条件进行函数求解，计算出相关点坐标并画图。

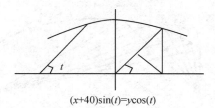

$$(x+40)\sin(t)=y\cos(t)$$

图 2.29　光线满足的三角关系

用 Python 代码实现如下：

```
def dist(p0,p1):            # 求任意两点之间的距离
    return math.sqrt(sum((p0-p1)**2))


A=np.array([-40,0]); B=np.array([40,0])              # 定义 A,B 点
P=np.array([0,30]); OPL=dist(A,P)+dist(B,P)          # 计算总光程
pp=np.array([])                                      # 保存 pi 点
for t in np.arange(90,36.87,-1)/180*math.pi:         # 角度变化值
    func=lambda x:
np.array([dist(A,np.array([x[0],x[1]]))+dist(B,np.array([x[0],x[1]]))-OPL,
        (x[0]+40)*math.sin(t)-x[1]*math.cos(t)], dtype=np.float32)
    p=fsolve(func, np.array([0, 30], np.float32))
    pp=np.append(pp,p)
pp1=np.reshape(pp, [2,-1],order='F')                 # -1 为缺省,不知道另一维 size
plt.plot(pp1[0,:],pp1[1,:],'k')                      # 画椭球面
plt.plot(-pp1[0,:],pp1[1,:],'k')
sampling_factor=9                                    # 采样因子
for i in np.arange(0,6):                             # 两点连线
    j=sampling_factor*i
    plt.plot([-40,pp1[0,i*j]],[0,pp1[1,i*j]],'b'); plt.plot([40,pp1[0,i*j]],[0,pp1[1,i*j]],'b')
plt.plot([-40,40],[0,0],'*k')                        # 画两个焦点
plt.plot([-40,40],[0,0],':r'); plt.plot([0,0],[-10,40],':r')   # 画坐标轴
ax=plt.gca(); ax.set_aspect('equal'); plt.xlim(-50,50); plt.ylim(-15,45)
plt.title('Ideal elliptical mirror'); plt.xlabel('x/mm'); plt.ylabel('y/mm')
plt.show()
```

输出结果如图 2.30 所示。

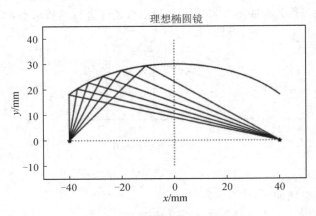

图 2.30　设计椭球面结果二

3. 完善成像条件的应用——设计自由曲面单透镜

要求设计一个透镜，使从 R_1 和 R_2 两点发出两束来自无穷远的光束，经过透镜后，这两束光束能完全汇聚于 E_1、E_2 两个像点。关于更详细的背景描述和部分使用的函数，参考 J. Chaves，Introduction to Nonimaging Optics（CRC Press，2008），pp. 274，此处仅列举函数的功能、输入、输出和实现代码。

（1）rfr（$\boldsymbol{i}$，$\boldsymbol{ns}$，n_1，n_2）

功能：求折射光线方向向量，其原理图如图 2.31 所示。

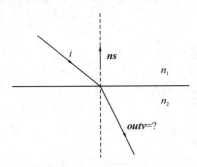

图 2.31　折射光线方向向量表示原理图

输入：$\boldsymbol{i}$ 为入射光线方向向量；

　　　$\boldsymbol{ns}$ 为反射面法线向量（与反射面垂直即可）；

　　　n_1 为入射光线所在介质的折射率；

　　　n_2 为折射光线所在介质的折射率。

输出：折射光线方向向量（***outv***）。

实现代码：

```
def rfr(i,ns,n1,n2):
  i＝nrm(i)
  ns＝nrm(ns)
  if np. dot(i,ns) ＞＝0:
    n＝ns
  else:
    n＝－ns
  delta＝1 － ((n1/n2) ＊ ＊2) ＊ (1 － np. dot(i,n) ＊ ＊2)
  if delta ＞ 0:
    outv＝n1/n2＊i＋(－np. dot(i,n) ＊ n1/n2＋math. sqrt(delta)) ＊ n
  else:
    print('TIR happens')
  return outv
```

（2）rfrnrm（***i***，***r***，n_1，n_2）

功能：求入射点法向量，其原理图如图 2.32 所示。

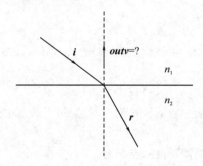

图 2.32　入射点法向量表示原理图

输入：***i*** 为入射光线方向向量；

　　　r 为折射光线方向向量；

　　　n_1 为入射光线所在介质的折射率；

　　　n_2 为折射光线所在介质的折射率。

输出：入射点法向量（***outv***）。

实现代码：

```
def rfrnrm(i,r,n1,n2):
  i＝nrm(i)
  r＝nrm(r)
```

```
outv=(n1 * i — n2 * r)/np. linalg. norm(n1 * i — n2 * r)
    return outv
```

（3）coptsl(F, n_1, v_1, Q, n_2, v_2, S)

假设 S2p 为透镜下表面点，S1p 为过该点光线与透镜上表面的交点，函数返回值为 S1p 点坐标。

功能：根据透镜下表面点求上表面点坐标。

输入：F 为 S2p 的坐标；

　　　n_1 为透镜折射率；

　　　v_1 为光线 S2p→S1p 的方向向量；

　　　Q 为光束波前点坐标（该点为波前任意点坐标）；

　　　n_2 为透镜外折射率；

　　　v_2 为 S1p→接收点的方向向量；

　　　S 为 S2p→接收点的光程。

输出：上表面点坐标。

实现代码：

```
def coptsl(F, n1, v1, Q, n2, v2, S):
    v1=nrm(v1)
    v2=nrm(v2)
    outp=(S — n2 * np. dot(Q—F, v2))/(n1 — n2 * np. dot(v1, v2)) * v1+F
    return outp
```

（4）ccoptpt(F, n_1, v, G, n_2, S)

假设 S1p 为透镜上表面某一点，S2p 为过该点的光线与透镜下表面的交点，函数返回值为 S2p 点坐标。

功能：根据透镜上表面点求下表面点坐标。

输入：F 为 S1p 坐标；

　　　n_1 为透镜折射率；

　　　v 为光线 S1p→S2p 的方向向量；

　　　G 为接收点的坐标；

　　　n_2 为透镜外折射率；

　　　S 为 S1p→接收点的光程。

输出：下表面点坐标。

实现代码：

```
def ccoptpt(F, n1, v, G, n2, S):
    outp=coptpt(F, n1, v, G, n2, S, 1)
```

return outp

　　具体实现思路：设计透镜实际就是首先算出透镜上表面以及下表面的一系列坐标，然后拟合就可以得到一个完整的透镜，具体步骤如下。

　　（1）建立坐标系：由于 R_1 和 R_2 两点发出的光线来自无穷远，因此给定的两个平面波会发出很多的光线。E_1 和 E_2 是理想的像点位置，坐标分别为（−2，−15）和（2，−15）。以透镜上表面顶点 O 为坐标原点，建立直角坐标系；确定像点 E_1（−2，−15）和 E_2（2，−15）；R_1 和 R_2 两束光的入射角度为 8° 或 −8°（与 y 轴的夹角），两束光线与波面交点记作 C、F，它们关于 y 轴对称；空气折射率 n_1 为 1，透镜折射率 n_2 为 1.5，透镜厚度为 2 mm；假定 OD 为 2.03，根据折射定律算得 D 点坐标为（0.188，−2.021），具体的设计透镜过程原理如图 2.33 和图 2.34 所示。

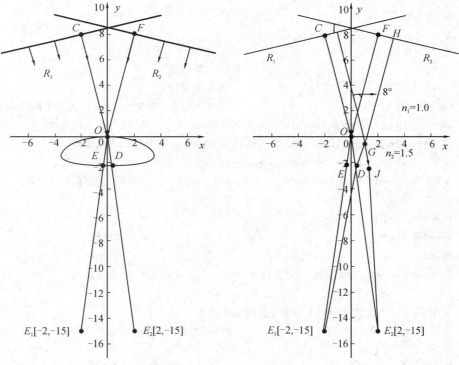

图 2.33　设计透镜过程原理图一　　　　图 2.34　设计透镜过程原理图二

　　（2）计算 D（E）点的坐标：OD 长度×OD 单位方向向量（根据折射矢量函数 rfr( ) 计算）。

　　（3）计算总光程：$OPL = n_1 \times CO + n_2 \times OD + n_1 \times DE_2$。

　　（4）根据下表面 D 点计算上表面 G 点的坐标（光线 $E_1 \rightarrow D \rightarrow G \rightarrow H$），用到如下公式：

① $n_2 \times DG + n_1 \times GH = OPL - n_1 E_1 D$；

② 折射定律 $n_2 \sin\theta_2 = n_1 \sin\theta_1$。

（5）根据上表面 G 点计算透镜下表面 J 点的坐标（光线 $I \rightarrow G \rightarrow J \rightarrow E_2$），用到如下公式：

① $GJ \times n_2 + n_1 \times JE_2 = OPL - n_1 * IG$；

② 折射定律 $n_2 \sin\theta_2 = n_1 \sin\theta_1$。

（6）获取透镜上更多的点，如图 2.34 所示：重复步骤（3）和（4）便可以得到更多透镜上的点的坐标，本示例重复了 21 次，共取得 42 个透镜上、下表面的点坐标。

上述过程的代码实现如下：

```
import matplotlib. pyplot as plt
from subFunctions import *
import copy


# 1.初始化
n1＝1                              # 空气折射率
n2＝1. 5                           # 透镜折射率
theta＝8/180 * math. pi           # 光束入射角，根据方向不同，符号不同，单位为弧度
nR1＝np. array（[math. sin(theta)，－math. cos(theta)]）    # R1 光线方向向量
nR2＝np. array（[－math. sin(theta)，－math. cos(theta)]）   # R2 光线方向向量
wfR1＝np. array（[math. cos(theta)，math. sin(theta)]）      # R1 波前方向向量
wfR2＝np. array（[math. cos(theta)，－math. sin(theta)]）     # R2 波前方向向量


PointC＝－ nR1                     # C 点坐标
PointF＝－ nR2                     # F 点坐标
PointE1＝np. array（[－2，－15]）    # E1 点坐标
PointE2＝np. array（[2，－15]）      # E2 点坐标


# 2.从 C 点出发经过 O 计算透镜下表面点坐标
L_OD＝2. 03                        # OD 的长度，单位是毫米


PointO＝np. array（[0，0]）          # 透镜上表面顶点 O 的坐标
nPointO＝np. array（[0，1]）         # 透镜上表面顶点 O 点法向量，（注：透镜上每一个点
                                        处都有一个法向量）
rePointO＝rfr(nR1，nPointO，n1，n2)  # 由（R1 波前）→O 的光线在 O 点的折射方向向量   rfr
                                        根据入射方向、入射点法线、折射率求折射方向
```

```
PointD＝PointO＋L_OD＊nrm(rePointO)          # 透镜下表面 D 点坐标
rePointD＝nrm(PointE2 － PointD)             # 透镜下表面顶点 D 点光线的折射方向
nPointD＝rfrnrm(rePointO, rePointD, n2, n1)  # D 处法线 rfrnrm 根据入射方向、折射方向、折射率
                                              求入射点法线

PointE＝np. array([－PointD[0], PointD[1]])  # D 关于 y 轴对称的点 E 的坐标
```

3.总光程
```
OPL＝n1 ＊ np. linalg. norm(PointC － PointO)＋n2 ＊ np. linalg. norm(PointO － PointD)＋np. linalg.
norm(PointD － PointE2)
```

4.计算透镜右半边上下表面的点坐标
```
samplePoints＝50                            # ED 之间采样点的个数
S1＝np. zeros(shape＝(samplePoints＋1, 4))   # 保存透镜上表面的点坐标
S2＝np. zeros(shape＝(samplePoints＋1, 4))   # 保存透镜下表面的点坐标
```

#下表面 ED 拟合函数：y＝a＋bx² dy/dx＝2bx＝tan(alpha＋pi/2) 该公式求解 b
```
alpha＝angh(nPointD)                        # 求 rePointD 相对于水平线的角度
b＝math. tan(alpha＋math. pi/2) / 2 / PointD[0]
a＝PointD[1] － b ＊ PointD[0] ＊ ＊ 2
```

#计算一个循环下上表面点
```
i＝0
for x in np. arange(0, 1 / samplePoints＋1, 1 / samplePoints):

    # 1) 使用拟合函数生成 ED 之间的一段点
    S2Pointx＝x ＊ PointD[0]＋(1 － x) ＊ PointE[0]   # 取 ED 之间的某一个点 S2p 的横坐标
                                                        S2Pointx

    S2Pointy＝f(a, b, S2Pointx)
    S2Point＝np. array([S2Pointx, S2Pointy])
    nS2Point＝nrm(np. array([fn(a, b, S2Pointx), －1]))   # y＝ax 向量表示形式(1, a)和它垂直的
                                                            向量表示为(a, －1)  内积为 0
    reS2Point＝rfr(nrm(S2Point－PointE1), nS2Point, n1, n2)
                                                # 光线 E1→S2p 在 S2p 点处的折射向量

    S2[i, 0:2]＝S2Point                         # 保存 S2Point 坐标
    S2[i, 2:4]＝nS2Point                        # 保存 S2Point 处的法向量
```

＃ 2）由 ED 之间的一段点生成 OG 之间的一段点

OPLx＝OPL － np. linalg. norm(PointE1 － S2Point)　　　＃ S2Point→(R2 波前)的光程

S1Point＝coptsl(S2Point，n2，reS2Point，PointF，n1，－nR2，OPLx)

　　　　　　　　　　　　　　　　　　　　　＃ 与 S2Point 对应的点 S1Point 的坐标

nS1Point＝rfrnrm(reS2Point，－nR2，n2，n1)

　　　　　　　＃ S1Point 处法线 rfrnrm 根据入射方向、折射方向、折射率求入射点法线

S1[i，0：2]＝S1Point　　　　　　　　　　　＃ 保存 S1Point 坐标

S1[i，2：4]＝nS1Point　　　　　　　　　　　＃ 保存 S1Point 处的法向量

　　i＝i＋1

＃计算接下来的 N 段点

N＝21

for j in range(N)：

　for i in range((j ∗ samplePoints＋1)，((j＋1) ∗ samplePoints＋1))：

　　＃ 1)求第 j 段的 S2i

　　R1_temp_Point＝isl(S1[i，0：2]，－nR1，PointC，wfR1)　　＃ S1i 与 R1 波前的交点 L

　　OPLi＝OPL － np. linalg. norm(S1[i，0：2] － R1_temp_Point)　＃ S1i→E2 的光程

　　reS1i＝rfr(nR1，S1[i，2：4]，n1，n2)　　　＃ 光线 S1i→E2 在 S1i 处折射方向向量

　　S2i＝ccoptpt(S1[i，0：2]，n2，reS1i，PointE2，n1，OPLi)　　＃ 与 S1i 对应的 S2i 的坐标

　　nS2i＝rfrnrm(nrm(S2i － S1[i，0：2])，nrm(PointE2 － S2i)，n2，n1)　　＃ S2i 处的法向量
rfrnrm 根据入射方向、折射方向、折射率求入射点法线

　　S2＝np. row_stack((S2，np. concatenate((S2i，nS2i))))　　＃ 将 S2i 的坐标，以及法向量追加在 S2 后

　　＃ 2)求第 j 段的 S1i

　　OPLi＝OPL － np. linalg. norm(PointE1 － S2[i＋samplePoints，0：2])　　＃ S2i→(R2 波前)
　　　　　　　　　　　　　　　　　　　　　　　　　　　　　　　的光程

　　reS2i＝rfr(nrm(S2[i＋samplePoints，0：2] － PointE1)，S2[i＋samplePoints，2：4]，n1，n2)

　　　　　　　　　　　　　　　　　　　　　　＃ 光线 E1→S2i 在 S2i 处折射方向向量

　　S1i＝coptsl(S2[i＋samplePoints，0：2]，n2，reS2i，PointF，n1，－nR2，OPLi)

　　　　　　　　　　　　　　　　　　　　　　　＃ 与 S2i 对应的新的 S1i 的坐标

　　nS1i＝rfrnrm(reS2i，nrm(－nR2)，n2，n1)　　＃ S1i 处的法向量

　　S1＝np. row_stack((S1，np. concatenate((S1i，nS1i))))

　　　　　　　　　　　　　　　＃ 将 S1i 的坐标，以及法向量追加在 S1 后

＃ 4.求解透镜左右两边的点坐标

```
MS1＝copy. copy(S1)                    ＃ 将 S1 赋值给 MS16
MS1[：, 0]＝－MS1[：, 0]                 ＃ 将 MS1 关于 y 轴对称
MS1＝np. row_stack((MS1, S1))          ＃ 将 MS1 和 S1 放在一个矩阵 MS1 中


MS2＝copy. copy(S2)                    ＃ 将 S2 赋值给 MS2
MS2[：, 0]＝－MS2[：, 0]                 ＃ 将 MS2 关于 y 轴对称
MS2＝np. row_stack((MS2, S2))          ＃ 将 MS2 和 S2 放在一个矩阵 MS2 中
```

＃ 5.绘制曲线点

```
plt. title(u'Symmetry of lens profiles for＋/－8 deg')
plt. plot(S1[：, 0], S1[：, 1], 'xr')
plt. plot(S2[：, 0], S2[：, 1], 'xb')
plt. show()


plt. title(u'Symmetry of lens profiles for＋/－8 deg')
plt. plot(MS1[：, 0], MS1[：, 1], 'xr')
plt. plot(MS2[：, 0], MS2[：, 1], 'xb')
plt. show()
```

结果如图 2.35 所示。

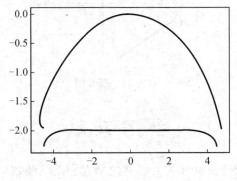

图 2.35 镜片轮廓设计结果

习 题

1. 根据光的波动性方程，用 Python 画出三种波长的可见光波并分别画两个波动周期。

2．由于光源是多种多样的，因此光线也可以有很多种表征形式。常见的平行光、激光和 LED 光会对应不同的表征形式。平行光是一系列均匀且平行的光线，一般对应于太阳光等。激光是平行的，但是在横截面上的能量具有高斯分布，假设每个光线携带的能量相同，且对应不同的光线密度。LED 光源是发散光，光线的角度和密度都与平行光的不同。查阅资料了解三种类型的光源，根据不同的光线密度和方向在 Python 里画图并表征它们。

3．太阳、地球和月球在日食的时候，和小孔成像的原理一致。请根据此原理，查找资料获得太阳、地球和月球的距离，当图 2.9(c) 中日环食发生时，在地球上哪些位置能够看到？

4．一根多模光纤的芯径是 $250\ \mu m$，长度为 $1\ m$。如果光纤笔直地放在桌子上，一条 $550\ nm$ 光线以 $10°$ 入射角穿过这根光纤，计算出它的光程。如果光纤是弯曲的，那么光程相等吗？

5．太阳光从无穷远经过聚光镜汇聚于 F 点的完善成像如图 2.36 所示。其中 S 为无穷远来的平面波，假设 S 面与原点 O 之间的距离为 $100\ cm$；M 为放置镜面的位置，与原点的位置为 $10\ cm$；F 为接收器的位置，与原点的距离为 $50\ cm$，反射镜直径为 $60\ mm$，画出满足条件的反射镜。

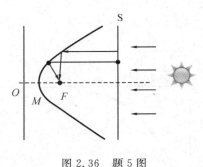

图 2.36　题 5 图

参 考 文 献

[1]　伊恩·斯图尔特. 上帝掷骰子吗：混沌之数学[M]. 潘涛，译. 上海：上海远东出版社，1995.

[2]　SMITH W J. Modern optical engineering[M]. 4 th ed. New York：McGraw-Hill Press，2007.

[3]　DARRIGOL O. A history of optics from greek antiquity to the nineteenth century [M]. London：Oxford University Press，2012.

［4］　DERENIAK E L，DERENIAK T D. Geometrical and trigonometric optics ［M］. London：Cambridge University Press，2008.

［5］　CHAVES J. Introduction to nonimaging optics ［M］. Boca Raton：CRC Press，2008.

［6］　郁道银，谈恒英. 工程光学［M］. 4 版. 北京：机械工业出版社，2016.

［7］　李林，林家明，王平，等，工程光学［M］. 北京：北京理工大学出版社，2003.

［8］　SMITH W J. Modern lens design ［M］. 2nd ed. New York：McGraw-Hill Press，2004.

［9］　JGREIVENKAMP J E. Field guide to geometrical optics ［M］. Washington：SPIE Press，2004.

［10］　BENTLEY J，OLSON C. Field guide to lens design ［M］. Washington：SPIE Press，2012.

［11］　GEARY J M. Introduction to lens design ［M］. New York：Willmann-Bell，2002.

第 3 章　光学成像系统设计

3.1　近 轴 光 学

3.1.1　一阶光学

在设计光学成像系统的过程中，涉及大量的计算。为了减少正负号带来的计算问题，需要制定一些光学符号规则来确保距离、角度、曲率半径、高度等不违背客观物理规律。我们以单球面折射为例介绍具体的符号规则，如图 3.1 所示。

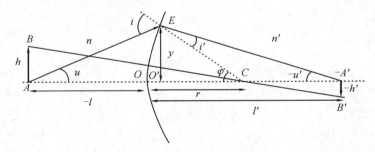

图 3.1　单球面折射中的符号规则(薄透镜情况下，O、O' 间的距离忽略不计)

(1) 物距 l 和像距 l'：优先级为基点＞像点＞物点，基点是指球面顶点以及其他除像点和物点之外的点。从优先级高的指向优先级低的，如果是从左往右，那么该距离为正，反之为负。图中，物距 l 是 O、A 之间的距离，因为从基点 O 到物点 A 是从右往左，所以 l 数值上是负数，图中用 $-l$ 作为 O、A 之间的距离，物理意义上这个距离依然是正数。像距 l' 在物理意义和数值上都是正值。

(2) 曲率半径 r：球心在顶点右边为正，反之为负。图 3.1 中，球心 C 在顶点右边，所以 r 为正。

(3) 物高 h 和像高 h'：光轴至物体最高点的距离，光轴之上为正，反之为负。图 3.1 中，h 为正，h' 为负。

(4) 孔径角 u 和 u'，入射角 i 和出射角 i'：优先级为光线＞光轴＞法线。对于任意一个夹角，从优先级高的转向优先级低的，顺时针为正，逆时针为负。图 3.1 中，u 从光线到光轴为顺时针，所以为正；u' 从光线到光轴为逆时针，所以为负。入射角 i 和出射角 i' 都符合从光线到光轴为顺时针，所以均为正值。注意：部分中文参考书中的优先级为光轴＞光线＞法线，可自主选择遵守同一套标准。

除了符号规则，在设计光学系统之前，还需要了解光学系统的基本参数，即焦距和放大率，它们一般叫作一阶光学参数。

等效光学系统基本概念如图 3.2 所示。在设计光学成像系统的过程中，光学系统可以看成是一个黑匣子，只需要等效出来两个面，即光线的入射参考面和出射参考面，分别叫作物方主面和像方主面，如图 3.2 中 H 和 H' 所在的垂直面。F 和 F' 分别为前焦点和后焦点，其所在的垂直于光轴的平面为前焦平面与后焦平面，前焦距为 $-f$，后焦距为 f'。x 为物到前焦点的距离，x' 为像到后焦点的距离。物体 AB 的高度为 y，像为 $A'B'$，像的高度为 $-y'$。下面介绍等效光学系统的其他概念。

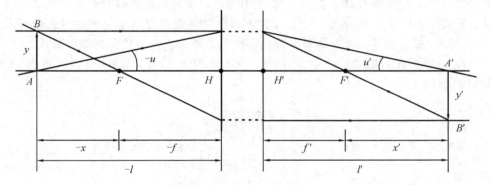

图 3.2　等效光学系统基本概念

（1）焦距：焦点到主面之间的距离，体现了光学系统对光线的折转能力。一般说的焦点都是后焦点，也就是 F'，焦距是 f'。如果折转能力强，那么焦点较小，反之则焦点较大。

（2）放大率：光学系统对物体的放大能力。

（3）垂轴放大率 $\beta = y'/y$：像的大小与物体的大小之比，反应像的大小和倒正，在几何光学中举足轻重（垂直高度变化）。

（4）轴向放大率 $\alpha = \mathrm{d}l'/\mathrm{d}l$：物点沿光轴的微小移动量 $\mathrm{d}l$ 与所引起的像点移动量 $\mathrm{d}l'$ 之比（轴向位移变化）。

（5）角放大率 $\gamma = \tan u'/\tan u$：共轭光线与光轴夹角 u' 与 u 的正切之比，表示折射球面将光束变宽或变细的能力，反映物像空间一光束经过光学系统后角度的变化。

垂轴放大率 β、轴向放大率 α 和角放大率 γ 之间的关系为 $\beta = \alpha\gamma$。

在以上等效光学系统计算中，还可以获得两个快速计算焦距的公式。

① 牛顿成像公式：

$$xx' = ff'$$

其中，在空气中，$-f = f'$，x 为物到物方焦点(即前焦点)的距离，x' 为像到像方焦点(即后焦点)的距离。

② 高斯成像公式：

$$\frac{1}{l'} + \frac{1}{l} = \frac{1}{f'}$$

其中，物距 l 和像距 l' 分别是物体和像面到主面的距离。

3.1.2　近轴光线追迹

近轴光学研究的是物点发出的很小孔径角内光学系统的性质。由于非线性的折射方程可以大量运用近似来获得线性不变性，因此可以大大减少计算量。

在图 3.1 中，如果要计算很多从 A 点发出的经过单球面的光线，那么根据 2.2 节的折射定律，需要一条一条分别计算。由于入射角和出射角都需要基于法线，因此还涉及大量的三角定律、正弦定律等，以下是采用折射定律和三角公式追迹单条光线的公式。

(1) 在 $\triangle AEC$ 中，$AC = -l + r$，$CE = r$，CE 对应的角为 u，AC 对应的角为 $180 - i$，根据正弦定理得

$$\frac{\sin(180 - i)}{-l + r} = \frac{\sin u}{r}$$

所以

$$\sin i = (r - l)\frac{\sin u}{r} \qquad (3.1)$$

(2) 由折射定律得

$$n \sin i = n' \sin i'$$

所以

$$\sin i' = \frac{n}{n'} \sin i \qquad (3.2)$$

(3) 由三角形外角定理得，在 $\triangle ACE$ 中，$\varphi = i - u$，在 $\triangle A'CE$ 中，$\varphi = i' + (-u') = i' - u'$，所以

$$i - u = i' - u'$$

即

$$u' = i' - i + u \qquad (3.3)$$

(4) 在 $\triangle CEA'$ 中，角 i' 对应的边 $CA' = l' - r$，角 $-u'$ 对应的边 $CE = r$，根据正弦定理得

$$\frac{\sin i'}{l' - r} = \frac{\sin(-u')}{r}$$

所以

$$l' = r\left(1 - \frac{\sin i'}{\sin u'}\right) \tag{3.4}$$

在近轴假设下，由于角度都很小，所以近似地认为 $\sin\theta \approx \tan\theta \approx \theta$，近似得到以下 3 个公式：

式(3.1)可以近似为 $i = (r-l)\dfrac{u}{r}$；

式(3.2)可以近似为 $i' = \dfrac{ni}{n}$；

式(3.4)可以近似为 $l' = r\left(1 - \dfrac{i'}{u'}\right)$。

另外，还有 1 个重要的公式，即 $ul = u'l' = -y$，其推导过程如下：

在 $\triangle AO'E$ 中，$y = AO' * \tan u = (-l) * \tan u = -l\sin u = -lu$。在 $\triangle A'O'E$ 中，$y = A'O' * \tan(-u') = l'\tan u' = l'\sin(-u') = -l'u'$。故 $ul = u'l' = -y$。

联立以上 3 个近似得到的公式、式(3.3)和 1 个重要公式可得到 NYU 追迹公式为

$$n'u' = nu - y\frac{n'-n}{r}$$

根据 NYU 公式可知，只要知道物方参数就可以很快求出像方的数据，其中 nu 是物方的参数，y 为已知或者可通过物方参数求出。n'、n 一般也是知道的，透镜的 r 是知道的。要求的只有 u'，但一般会写成 $n'u'$ 的形式，因为在下一次做面追迹时，还是要用到 $n'u'$ 这个值，所以通常把两者写在一起计算。

将实际追迹和近轴假设后的追迹进行总结，得近轴光线追迹公式，如图 3.3 所示，方便读者在需要时直接调用。

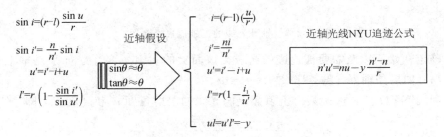

图 3.3　近轴光线追迹公式

NYU 公式描述了一条近轴光线做单个球面的折射追迹，这里我们进一步把 NYU 追迹用在完整的光学系统中，轴上光线和轴外光线的追迹过程示意图分别如图 3.4 和图 3.5 所示。对整个光学系统做 NYU 光线追迹主要分为以下四个步骤。

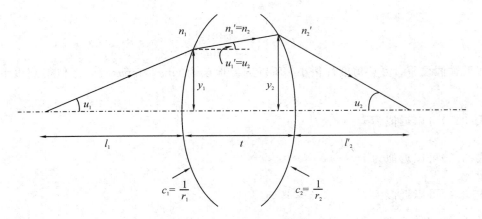

图 3.4　轴上光线的近轴追迹示意图

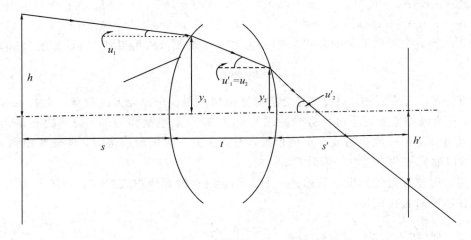

图 3.5　轴外光线的近轴追迹示意图

（1）确定初始面以及需要被追迹的光线在该面上的 y 和 u 的值。如果是轴上光线，那么 $y=-lu$；如果是轴外光线，那么 $y=h-su$。

（2）利用 NYU 公式追迹某个折射面上的光线的出射角度 u' 和高度 y'，即

$$u' = \frac{nu}{n'} - \frac{cy(n'-n)}{n'}, \quad c = \frac{1}{r}$$

（3）光线在均匀的介质空间中自由传递，获得下一面上的 y 和 u 的值，即

$$y_{j+1} = y_j + tu'_j, \quad u_{j+1} = u'_j$$

（4）重复步骤（1）～（3），直到光线到达最后一面。根据此时的 y 和 u 可以进一步通过公式计算出后截距(l'_k)和轴外像高(h')，它们是设计光学成像系统的最关心的两个参数，即

$$l'_k = \frac{-y_k}{u'_k}$$

$$h' = y_k + s'_k u'_k$$

3.1.3 单透镜

1. 单透镜

透镜是光学成像系统最常见的元件。一般来说，透镜都是用有一定厚度的、折射率特定的材料制作而成的，其前后表面都是球面的，这是光学意义上的厚透镜。在厚度影响较小的场合，计算时可以把透镜的厚度忽略不计，也叫作薄透镜近似。厚透镜的焦距计算原理图如图 3.6 所示。

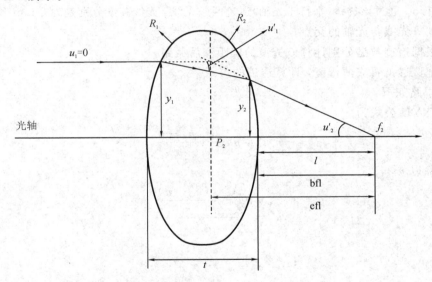

图 3.6　厚透镜的焦距计算原理图

厚透镜焦距/折射能力、后截距计算公式可通过 NYU 追迹一条光线得到。

（1）焦距：与前后表面半径、厚度、折射率等有关，参数不同对应不同的表达，其表达为

$$\phi = \frac{1}{f} = (n-1)\left[\frac{1}{R_1} - \frac{1}{R_2} + \frac{t(n-1)}{nR_1R_2}\right]$$

式中，ϕ 为光焦度，f 为焦距，n 为透镜材料的折射率，t 为透镜厚度，R_1 和 R_2 分别为透镜前后表面的曲率半径。焦距的单位一般是 mm。光焦度是焦距的倒数，其单位是屈光度。

（2）后截距：透镜最后表面到焦平面的距离。探测器的感光面放置在焦平面接收图像，外围有固定装置，所以后截距一般有要求，以适应固定装置的轴向距离，其表达式为

$$\mathrm{bfl} = \frac{-y_2}{u_2'} = f - \frac{ft(n-1)}{nr_1}$$

式中，y_2 为第二个透镜面处光线的高度，u_2' 为出射光线与光轴的夹角。

对于薄透镜，t 近似为 0，于是可得到焦距的简化计算公式为

$$\phi = \frac{1}{f} = (n-1)\left(\frac{1}{R_1} - \frac{1}{R_2}\right)$$

上式表明，在薄透镜近似情况下，后截距等于焦距。

2. 单透镜焦距计算

下面对单透镜的焦距计算进行举例说明。

已知一个等凸透镜，其前后表面的半径分别为 200 mm 和 −200 mm，厚度为 20 mm，折射率为 1.5。通过该透镜（平行于光轴）追迹两条光线，光线高度分别是为 2 mm 和 8 mm。

（1）计算光线与光轴的交点；

（2）根据追迹数据分别计算该透镜的焦距和后截距；

（3）把该透镜看成薄透镜，计算透镜的焦距。

具体思路如下：

已知 NYU 公式为

$$n'u' = nu - y\frac{n'-n}{r}$$

两边同时除以 n' 得

$$u' = \frac{nu - \dfrac{y(n'-n)}{r}}{n'} \tag{3.5}$$

且

$$y_2 = y + t \times u' \tag{3.6}$$

$$l = \frac{y_2}{u_2'} \tag{3.7}$$

在 NYU 公式中，n 为透镜前介质的折射率，u 为当前透镜面处光线的入射角，n' 为当前透镜后介质的折射率，u' 为当前透镜面处光线的出射角，y 为光线在当前透镜面处的高度，r 为透镜半径。NYU 公式两边同时除以 n' 得到公式（3.5），就可以得到透镜面处光线的出射角 u'。

（1）计算光线与光轴的交点。在第一个透镜面处使用公式（3.5）计算得到第一个透镜面处光线的出射角 u_1'，u_1' 也是第二个透镜面处光线的入射角 u_2，即 $u_2 = u_1'$。根据公式（3.6）求出 y_2，也就是光线在第二个透镜面的高度。对第二个透镜面使用公式（3.5）计算得到第二个透镜面处光线的出射角 u_2'。得到 y_2 和 u_2' 后，使用公式（3.7）计算得到光线与光轴的

交点到最后一个透镜面的距离，也就计算出了光线与光轴的交点。

（2）根据厚透镜的焦距和后截距计算公式分别计算该透镜的焦距和后截距，公式如下

$$\mathrm{efl} = \frac{y_1}{u_2'}, \quad \mathrm{bfl} = f - \frac{ft(n-1)}{nr_1}$$

（3）把该透镜看成薄透镜，计算透镜的焦距，公式如下

$$\frac{1}{f} = (n-1)\left(\frac{1}{R_1} - \frac{1}{R_2}\right)$$

用 Python 代码实现如下：

```python
import math
import numpy as np


# Function:近轴光线追迹计算光线经过一个透镜面后的出射角，光线在下个面上高度
# Input：u1 入射角
#         y1 入射光线在第一个面高度
#         n1，n2 面两侧折射率
#         C 第一个面曲率
#         t 两个面之间距离
# Output：u2 出射角
#         y 光线在下个面上高度
def paraxial_raytrace(u1, y1, n1, n2, C, t):
    u2=(n1 * u1 - y1 * (n2 - n1) * C)/n2
    y2=y1+t * u2
    return u2, y2


#定义光学系统
obj={'C': 0.0, 't': float("inf"), 'n': 1.0}    #物面  C曲率 t该面到下一面的距离  n该面与
下一面的折射率
surf1={'C': 1.0 / 200, 't': 20.0, 'n': 1.5}    #第一透镜面
surf2={'C': -1.0 / 200, 't': 0.0, 'n': 1.0}    #第二透镜面
LensSys=[obj, surf1, surf2]

#情况 1 与光轴平行，入射光线在第一个面高度为 2.0 的光线
axial_rays=[]
axial_rays. append({'u': 0.0, 'y': 2.0})

for i in range(1, len(LensSys)):
```

```python
        u, y=paraxial_raytrace(axial_rays[i-1]['u'], axial_rays[i-1]['y'],
                    LensSys[i-1]['n'], LensSys[i]['n'],
                    LensSys[i]['C'], LensSys[i]['t'])
        axial_rays. append({'u': u, 'y': y})


    l=-axial_rays[len(axial_rays)-2]['y']/axial_rays[len(axial_rays)-1]['u']     # 光线与光轴交点


    efl=-axial_rays[0]['y']/axial_rays[len(axial_rays)-1]['u']                   # 焦距
    bfl=-axial_rays[len(axial_rays)-2]['y']/axial_rays[len(axial_rays)-1]['u']   # 后截距
    elf2=1/((surf1['n']-1) * (surf1['C']-surf2['C']))                           # 薄透镜焦距计算
    print("ray(a): Incident angle={:.5f}, \n"
        "     incident height={:.5f}, \n"
        "     intersection with axis=[{:.5f}, 0], \n"
        "     efl={:.5f}, \n"
        "     bfl={:.5f}, \n"
        "     efl of thin len={:.5f}".format(axial_rays[0]['u'], axial_rays[0]['y'],  l, efl, bfl, elf2))
    #情况 2 与光轴平行，入射光线在第一个面高度为 8.0 的光线
    axial_rays=[]
    axial_rays. append({'u': 0.0, 'y': 8.0})


    for i in range(1, len(LensSys)):
        u, y=paraxial_raytrace(axial_rays[i-1]['u'], axial_rays[i-1]['y'],
                    LensSys[i-1]['n'], LensSys[i]['n'],
                    LensSys[i]['C'], LensSys[i]['t'])
        axial_rays. append({'u': u, 'y': y})


    l=-axial_rays[len(axial_rays)-2]['y']/axial_rays[len(axial_rays)-1]['u']     # 光线与光轴交点
    efl=-axial_rays[0]['y']/axial_rays[len(axial_rays)-1]['u']                   # 焦距
    bfl=-axial_rays[len(axial_rays)-2]['y']/axial_rays[len(axial_rays)-1]['u']   # 后截距
    elf2=1/((surf1['n']-1) * (surf1['C']-surf2['C']))                           # 薄透镜焦距计算

    print("ray(b): Incident angle={:.5f}, \n"
        "     incident height={:.5f}, \n"
        "     intersection with axis=[{:.5f}, 0], \n"
        "     efl={:.5f}, \n"
        "     bfl={:.5f}, \n"
        "     efl of thin len={:.5f}".format(axial_rays[0]['u'], axial_rays[0]['y'],  l, efl, bfl, elf2))
```

输出结果如下：

　　ray(a)：Incident angle＝0.00000，

　　　　　　incident height＝2.00000，

　　　　　　intersection with axis＝[196.61017，0]，

　　　　　　ef1＝203.38983，

　　　　　　bf1＝196.61017，

　　　　　　ef1 of thin len＝200.00000

　　ray(b)：Incident angle＝0.00000，

　　　　　　incident height＝8.00000，

　　　　　　intersection with axis＝[196.61017，0]，

　　　　　　ef1＝203.38983，

　　　　　　bf1＝196.61017，

　　　　　　ef1 of thin len＝200.00000

3.1.4　透镜组

1. 透镜组

在有多个透镜组合的情形下，一般厚度不是影响焦距的主要因素，所以可以用薄透镜近似的方法快速获得透镜组合的焦距，多个薄透镜组的光学系统如图 3.7 所示。

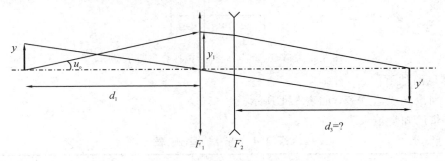

图 3.7　多个薄透镜组的光学系统

由上一节内容知，薄透镜的焦距计算公式为

$$\phi = \frac{1}{f} = (n-1)\left(\frac{1}{R_1} - \frac{1}{R_2}\right)$$

透镜的组合整体光焦度计算公式为

$$\phi = \phi_1 + \phi_2 - d\phi_1\phi_2$$

其中 d 为两个薄透镜之间的距离。所以薄透镜组的光线追迹公式可以改写为

$$u' = u - y\phi$$

薄透镜近似只是计算简化透镜组的焦距的一种方法。在实际中,我们还可以用 NYU 追迹公式来计算透镜组的焦距。

2. 胶合透镜的焦距计算

下面对胶合透镜的焦距计算进行举例说明。

NYU 追迹双胶合透镜计算焦距示意图如图 3.8 所示,图中是一个胶合透镜,包含一个凸透镜和一个凹透镜。已知物距为 300 mm,物体高度为 20 mm,透镜 1 的材料折射率是 1.5,前后表面的曲率半径分别是 $r_1 = 50$ mm,$r_2 = -50$ mm,透镜 2 的材料折射率是 1.6,后表面为平面,两者的厚度分别是 10 mm 和 2 mm。求物体经过透镜之后的像高以及该胶合透镜的焦距。

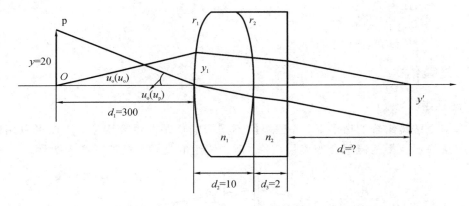

图 3.8 NYU 追迹双胶合透镜计算焦距示意图

具体思路如下。

(1) 列出光线追迹表,如表 3.1 所示。

(2) 将已知量填入表 3.1 内。

表 3.1 光 线 追 迹 表

面	曲径半径/mm	长度/mm	折射率 n	u_o	y_o	u_p	y_p
物面	Inf	—	1	y_1/d_1	0	y/d_1	20
第 1 面	50	300	1.5				
第 2 面	−50	10	1.6				
第 3 面	Inf	2	1				
像面	Inf	?	—				

(3) 选择轴上和轴外的两条光线——o 光和 p 光。

o 光:又叫轴上光,是指从轴上点发出的光线;

p 光：又叫轴外光，是指从轴外点发出的光线；

u_o 和 y_o：表示 o 光的孔径角和光线对应面的高度；

u_p 和 y_p：表示 p 光的孔径角和光线对应面的高度；

y_1：可任意假定，是近轴计算的一个初始值，确保数值较小对结果影响很小。

① o 光 NYU 追迹双胶合透镜计算焦距过程示意图如图 3.9 所示。当下标为 o 时，计算时可以省略。

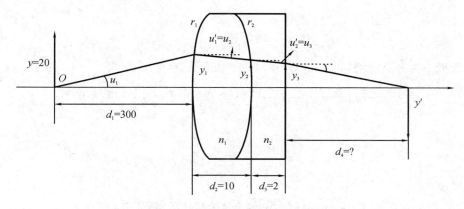

图 3.9　o 光 NYU 追迹双胶合透镜计算焦距过程示意图

始终以方程 $n'u' = nu - y\dfrac{n'-n}{r}$ 和 $y_2 = y_1 + d_1 u_1'$ 为依据。

物面　$d_1 = 300$，$n_1 = 1$，假定 $y_1 = 10$。很直观地得到 $y_0 = 0$。假定 y_1 后，$\tan u_0 = \dfrac{y_1}{d_1}$，根据近轴假设得 $\tan u_0 = u_0$，故

$$u_0 = \frac{y_1}{d_1} = \frac{10}{300} = 0.0333（此处保留小数点后 4 位，用等号代替约等号，下面计算类似处理）$$

因此

$$[n_1 u_0', \ y_0] = [0.0333, \ 0]$$

第 1 面　因为 $n_1 = 1$，$n_2 = 1.5$，$y_1 = 10$，$r_1 = 50$，且 $n'u' = nu - y\dfrac{n'-n}{r}$，故

$$n_1' u_1' = n_1 u_1 - y_1 \frac{n_1' - n_1}{r_1} = 1 \times 0.0333 - 10 \times \frac{1.5 - 1}{50} = -0.0667$$

因此

$$[n_1' u_1', \ y_1] = [-0.0667, \ 10]$$

第 2 面　由 $n_3 = 1.6$，$n_2 = 1.5$，$d_2 = 10$，$r_2 = -50$，$y_1 = 10$，得

$$y_2 = y_1 + d_2 u_1' = 10 + 10 \times \frac{n_1' u_1'}{n_1'} = 10 + 10 \times \frac{-0.0667}{1.5} = 9.555$$

因为

$$n_2' u_2' = n_2 u_2 - y_2 \frac{n_2' - n_2}{r_2} = n_1' u_1' - y_2 \frac{n_2' - n_2}{r_2}$$

$$= -0.0667 - 9.555 \times \frac{1.6 - 1.5}{-50} = -0.0476$$

所以

$$[n_2' u_2', \ y_2] = [-0.0476, 9.555]$$

第 3 面 由 $n_3 = 1.6$，$n_4 = 1$，$d_3 = 2$，$r_3 = \inf$，$y_2 = 9.555$，得

$$y_3 = y_2 + d_3 u_2' = y_2 + d_3 \frac{n_2' u_2'}{n_2'} = 9.555 + 2 \times \frac{-0.0476}{1.6} = 9.4956$$

因为

$$n_3' u_3' = n_3 u_3 - y_3 \frac{n_3' - n_3}{r_3} = n_3 u_3 = n_2' u_2' = -0.0476$$

所以

$$[n_3' u_3', \ y_3] = [-0.0476, 9.4956]$$

第 4 面 由 $n_4 = 1$，$n_4' = 1$，$d_4 = ?$，$r_4 = \inf$，$y_3 = 9.4956$，$y_4 = 0$，得

$$y_4 = y_3 + d_4 u_3' = 9.4956 + d_4 \frac{n_3' u_3'}{n_3'} = 9.4956 - 0.0476 d_4 = 0$$

故

$$d_4 = \frac{9.4956}{0.0476} = 199.4874$$

因为

$$n_4' u_4' = n_4 u_4 - y_4 \frac{n_4' - n_4'}{r_4} = n_4 u_4 = n_3' u_3' = -0.0476$$

所以

$$[n_4' u_4', \ y_4] = [-0.0476, 0]$$

② p 光 NYU 追迹双胶合透镜计算焦距过程示意图如图 3.10 所示。

物面 由 $n_1 = 1$，$d_1 = 300$，$y_0 = 20$，得

$$\tan u_0 = \frac{y_1}{d_1} u_0 = -\frac{y_0}{d_1} = -\frac{20}{300} = -0.0667$$

其中，$u_0 = u_p$，光线到光轴逆时针，取负。所以

$$[n_1 u_0', \ y_0] = [-0.0667, 20]$$

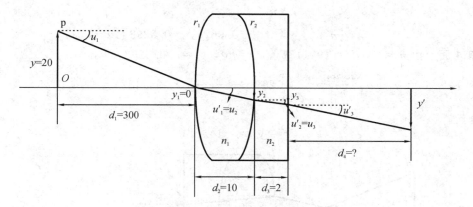

图 3.10 p 光 NYU 追迹双胶合透镜计算焦距过程示意图

第 1 面 因为 $n_1=1$，$n_1'=n_2=1.5$，$d_1=300$，$r_1=50$，且

$$n_1'u_1'=n_1u_1-y_1\frac{n_1'-n_1}{r_1}=-0.0667$$

所以

$$[n_1'u_1',\ y_1]=[-0.0667,\ 0]$$

第 2 面 由 $n_2=1.5$，$n_2'=1.6$，$d_2=10$，$r_2=-50$，$y_1=0$，得

$$y_2=y_1+d_2\frac{n_1'u_1'}{n_1'}=10\times\frac{-0.0667}{1.5}=-0.4447$$

因为

$$n_2'u_2'=n_2u_2-y_2\frac{n_2'-n_2}{r_2}$$

$$=-0.0667-(-0.4447)\times\frac{1.6-1.5}{-50}=-0.0676$$

所以

$$[n_2'u_2',\ y_2]=[-0.0676,\ -0.4447]$$

第 3 面 由 $n_3=1.6$，$n_3'=n_4=1$，$d_3=2$，$r_3=\inf$，$y_2=-0.4447$，得

$$y_3=y_2+d_3\frac{n_2'u_2'}{n_2'}=-0.4447+2\times\frac{-0.0676}{1.6}=-0.5292$$

因为

$$n_3'u_3'=n_3u_3-y_3\frac{n_3'-n_3}{r_3}$$

$$=-0.0676-(-0.5292)\times\frac{1-1.6}{\inf}=-0.0676$$

所以

$$[n'_3 u'_3, y_3] = [-0.0676, -0.5292]$$

第 4 面 由 $n_4 = 1$，$d_4 = 199.4874$，$r_4 = \text{inf}$，$y_3 = -0.5292$，得

$$y_4 = y_3 + d_4 \frac{n'_3 u'_3}{n'_3} = -0.5292 + \frac{-0.0676}{1} \times 199.4874 = -14.0145$$

所以

$$y' = y_4 = -14.0145$$

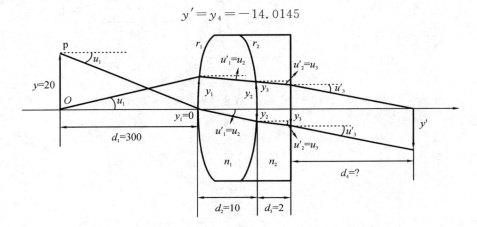

图 3.11 NYU 追迹双胶合透镜计算焦距过程示意图

将上述结果填入表 3.1 中，得表 3.2。

表 3.2 胶合透镜焦距、像高等计算结果

面	曲径半径/mm	长度/mm	折射率 n	nu_o	y_o	nu_p	y_p
物面	Inf	—	1	0.0333	0	-0.0667	20
第 1 面	50	300	1.5	-0.0667	10	-0.0667	0
第 2 面	-50	10	1.6	-0.0476	9.555	-0.0676	-0.4447
第 3 面	Inf	2	1	-0.0476	9.4956	-0.0676	-0.5292
像面	Inf	199.4874	—	-0.0476		—	-14.0145

（4）**结果分析**：

① 对于任何一面，由计算得 $y_p n u_o - y_o n u_p$ 均等于 0.0667，这从数值上验证了光学不变量(Optical Invariant)。

② 光学不变量适用于任何两个面，可加快光学追迹。例如，在物面和第 1 面直观得到 $y_o = 0$ 后，$y_p = 20$，$nu_o = \dfrac{y_1}{d_1} = 0.0333$，则光学不变量为 0.0667，那么第 1 面的 nu_p 直接用

0.667 除以 10 即可得到。

③ 光学不变量决定了光通量，即光学系统的光通量在各个面是恒定的，或者说光经过光学系统时，各个面的光能量都是相等的。光通量并不会因为这个面在前面一点或者在后面一点就会变化。

④ 在计算时一定要注意下标的变化。

3.1.5　光学不变量

通过上一节的计算，光学不变量的概念已经呼之欲出了。光学不变量 J 的表达式为

$$\text{inv} J = y_p n u_o - y_o n u_p$$

对于一个给定的光学系统，光学不变量 J（也称为拉格朗日不变量）是一个常数，可以首先用任意某个光学面上的计算确定，然后推广到其他面。光学不变量可以帮助我们快速确定特殊光线在整个光学系统中的传递路径，其常用于光学软件中批量光线的快速追迹。

在上一节的胶合透镜的光线追迹示例中，我们追迹了两条已知光线（o 光线和 p 光线）之后可通过计算得到该光学系统的光学不变量 J。任意第三条光线（x 光线）在物面上的初始值（高度 y_x 和孔径角 u_x）可以通过对这两条光线进行二维线性插值得到，计算如下：

$$\begin{cases} y_x = A y_p + B y_o \\ u_x = A u_p + B u_o \end{cases} \tag{3.8}$$

利用已知的两条光线的高度和孔径角数据可求解得到 A 和 B 的值为

$$\begin{cases} A = \dfrac{n}{J}(y_x u_o - u_x y_o) \\ B = \dfrac{n}{J}(u_x y_p - y_x u_p) \end{cases} \tag{3.9}$$

求出 A 和 B 的值后，第三条光线（x 光线）在其他光学面上的数据也可以按照已知两条光线（o 光线和 p 光线）的数据 u 和 y 通过公式（3.5）求得。

3.2　实际光学系统

3.2.1　基本光学系统参数

实际光学系统示意图如图 3.12 所示。基本光学系统参数具体如下。

（1）视场和孔径角：光学系统中两个重要参数，分别用 y（最大物高）和 u（最大孔径角）表示。

（2）视场光阑：相当于人的视网膜，限制视场的大小、成像的范围（接收范围）。眼睛能看到的场景未必能全部被相机记录，能记录的范围取决于视场光阑（探测器的大小）。

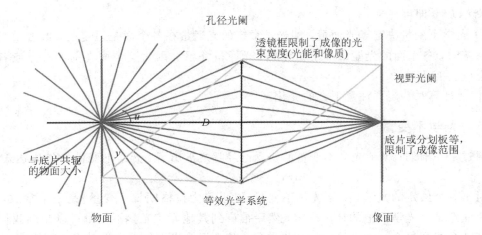

图 3.12　实际光学系统示意图

（3）孔径光阑：相当于人的瞳孔，限制轴上光束的宽度（入光范围）、光能，并直接影响像质。透镜直径有限，其只能折射孔径角范围内的光线。光学系统的直径 D（等效透镜直径）决定孔径角的大小，孔径光阑对轴上和轴外光线的限制能力如图 3.13 所示。

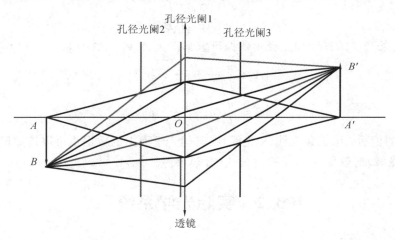

图 3.13　孔径光阑对轴上和轴外光线的限制能力

孔径光阑的大小决定光束的宽度，最终决定了图像的分辨率。孔径光阑的位置对轴上光束的成像影响不大，但对轴外光束的成像影响很大，因为它决定了哪部分的轴外光束将参与成像，并直接影响成像效果。选择的光线离光轴越远，像差越大，成像质量也就越差。实际光学镜头中的孔径光阑如图 3.14 所示。

奥林巴斯相机

图 3.14 实际光学镜头中的孔径光阑

（4）光圈：焦距与通光孔径的比值，是光学系统通光量的一个指标。光圈数越小，通光量越大，光学系统需要的曝光时间越短；反之光圈数越大，通光量越小，光学系统需要的曝光时间越长。

（5）相对孔径：光圈的倒数。光圈数大，则相对孔径小，进光量也小；光圈数小，则相对孔径大，进光量也大。

（6）入瞳：孔径光阑经过前置光学系统所成的像，其限制入射光束的口径，示意图如图 3.15 所示。

（7）出瞳：孔径光阑经过后置光学系统所成的像，其与后续光学系统的入瞳衔接，避免渐晕现象，示意图如图 3.15 所示。

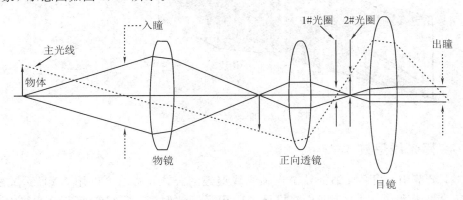

图 3.15 入瞳和出瞳示意图

（8）渐晕（Vignetting）：由于光阑/透镜边框遮挡了部分轴外点光束，导致像平面的边缘部分比中心部分暗，这种现象称为渐晕。

（9）线渐晕系数：轴外光线通光直径与轴上光线通光直径的比值，即 $K_w = D_w/D$。光阑的位置导致轴外、轴上的光通量不一致，此时会出现渐晕，透镜边框遮挡轴外光线也会导致渐晕。线渐晕系数示意图如图 3.16 所示。

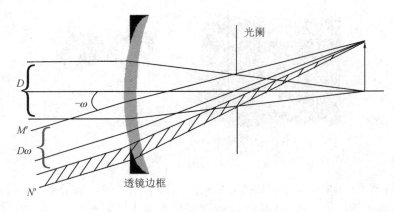

图 3.16　线渐晕系数示意图

（10）**面渐晕系数**：交叠通光面积与出射透镜通光面积之比，即 $K_s = S_w$。面渐晕系数示意图如图 3.17 所示。图中轴上光线通过透镜 A 的部分均通过了透镜 B，并最终成像，面渐晕系数为 1。轴外光线通过透镜 A 的只有部分通过了透镜 B，交叠通光面积为 S_w，透过透镜 B 的通光面积为 S，两者之比即为面渐晕系数。设置渐晕系数不仅可以减小光学元件的尺寸，还可以剔除部分引起大像差的轴外光线。

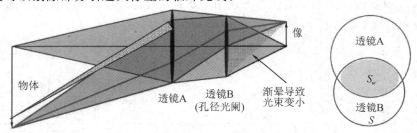

图 3.17　面渐晕系数示意图

3.2.2　实际光线追迹

在 3.1.2 节中，我们详细推导了近轴光线追迹的公式，从而可以用 NYU 公式去进行光学系统的快速追迹。但由于我们在推导中应用了近轴假设，故在实际光学系统中会引入误差（近轴光线与实际光线的误差示意如图 3.18 所示）。这是因为实际光学系统一般需要足够的视场和孔径角来保证高光通量，小角度范围的近轴近似无法满足这一条件。

1．实际光线

从数学推导过程来看：

$$\sin\theta = \theta - \frac{\theta^3}{3!} + \frac{\theta^5}{5!} - \frac{\theta^7}{7!} + \cdots$$

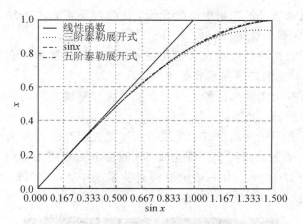

图 3.18　近轴光线与实际光线的误差示意图[1]

由于在近轴区有 $\sin\theta \approx \theta$，因此泰勒级数展开后做近轴近似的误差是被忽略的高次项引起的像差。

如果允许的误差是 10^{-4}，那么在误差范围内保留不同的高次项，允许的角度分别如下：

（1）只保留一阶，在 5° 范围内与 $\sin\theta$ 几乎重合，这也是近轴光学的近似条件，所以近轴光线一般是指允许的角度小于 5° 的光线。

（2）保留三阶，在 24° 范围内与 $\sin\theta$ 几乎重合。

（3）保留五阶，在 52° 范围内与 $\sin\theta$ 几乎重合。

实际光线追迹与 3.1.2 节中提到的近轴光线追迹有以下两点区别：

（1）实际光线的角度不再受限于近轴假设，即实际光线可以是任意角度的光线。

（2）计算近轴光线时一般不考虑透镜面矢高变化，而实际光线则需要考虑这一变化，所以实际光线的追迹更复杂。

由于不再使用近轴假设，因此将不能用三角计算进行简化，NYU 公式也不再成立，计算复杂度也大大增加。在早期计算机技术没有普及的情况下，如果手动计算，那么就需要做一些特殊的限制来快速追迹光学系统的实际光线，可以采用以下两个技巧。

（1）经典的光学成像系统一般都是旋转对称的，所以大部分情况下，只需要做二维（2D）光线追迹就可以评价和优化整个系统。

（2）经过光学系统的光线有无数多条，但是在计算能力受限的情况下，利用几条重要光线（如主光线、边缘光线、子午光线和弧矢光线）就可以判别系统的像差大小和性能优劣。

假设一条光线由归一化的物体高度 $\bar{y}$ 和归一化的入瞳孔径 $\bar{u}$ 决定，那么该光线可以用归一化的入瞳坐标 $(\bar{y},\bar{u})$ 的二维向量来表征，即

$$\bar{y} = \frac{y}{y_{\max}},\ \bar{u} = \frac{u}{u_{\max}}\quad \bar{y},\bar{u} \in [-1,1]$$

① 主光线：任意视场经过光阑中心的光线。任意视场都有主光线，一般选择最大视场的主光线，它的二维向量表征为 $[1,0]$。

② 边缘光线：任意视场经过最大入瞳孔径的光线。任意视场都有边缘光线，一般选择轴上视场的边缘光线，它的二维向量表征为 $[0,1]$。

③ 子午光线：所有与光轴共面的光线。子午光线与光轴共同构成的面称为子午面。主光线和边缘光线都属于子午光线。

④ 弧矢光线：所有与子午面垂直的光线。弧矢光线所在的面称为弧矢面，子午面和弧矢面如图 3.19 所示。弧矢光线属于三维光线，入瞳面上需要用二维向量来表征，加上一维的视场，一共有三维（3D）向量。在一般的旋转对称系统中，可以暂时不考虑这些光线的追迹，下一节将会介绍这类 3D 光线的追迹。

图 3.19　子午面和弧矢面

实际光线追迹示意图一如图 3.20 所示。

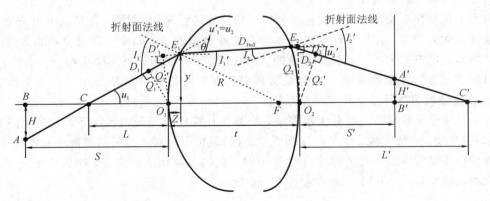

图 3.20　实际光线追迹示意图一

追迹过程公式推导如下。

第一步：计算初始光线的角度 u_1 和到镜面中心的垂直距离 Q_1。

轴上：在 $\triangle CD_1O_1$ 中，由三角函数关系得

$$Q_1 = -L\sin u_1 \tag{3.10}$$

轴外：在 $\triangle ABC$ 中，由三角函数关系得

$$BC = H \times \cot u_1$$

因为

$$Q_1 = (S - BC) \times \sin u_1$$

将 BC 替换代入可得

$$Q_1 = H \times \cos u_1 - S \times \sin u_1 \tag{3.11}$$

第二步：计算光线经过第一个面后出射光线的角度 u_1' 和到镜面中心的垂直距离 Q_1'。

在 $\triangle CE_1F$ 中，边 $CF = -L + R$ 对应的角度为 $180° - I_1$，边 $E_1F = R$ 对应的角度为 u_1，由正弦定理得

$$\frac{\sin(180° - I_1)}{-L + R} = \frac{\sin u_1}{R}$$

将上式代入式（3.10）可得

$$\sin I_1 = Q_1 c + \sin u_1 \tag{3.12}$$

其中，c 代表透镜曲率，$c = \dfrac{1}{R}$。

由折射定律 $n'\sin I_1' = n\sin I_1$ 整理得

$$\sin I_1' = \frac{n\sin I_1}{n'} \tag{3.13}$$

由平行线关系可知据 $u_1 = u_1' + \theta$，由对角关系可知 $I_1 = I_1' + \theta$，联立两式可得

$$u_1' = u_1 - I_1 + I_1' \tag{3.14}$$

类比式（3.12）的计算过程，计算可得

$$\sin I_1' = Q_1' c + \sin u_1' \tag{3.15}$$

式（3.12）和式（3.15）可转换为如下形式

$$Q_1 = R(\sin u_1 - \sin I_1)$$
$$Q_1' = R(\sin u_1' - \sin I_1')$$

两式相除可得

$$Q_1' = \frac{Q_1(\sin u_1' - \sin I_1')}{\sin u_1 - \sin I_1}$$

由三角和差化积公式和式（3.14）得

$$Q_1' = Q_1 \frac{\sin u_1' - \sin I_1'}{\sin u_1 - \sin I_1} = Q_1 \frac{2\cos\dfrac{u_1' + I_1'}{2}\sin\dfrac{u_1' - I_1'}{2}}{2\cos\dfrac{u_1 + I_1}{2}\sin\dfrac{u_1 - I_1}{2}} = Q_1 \frac{2\cos\dfrac{u_1' + I_1'}{2}}{2\cos\dfrac{u_1 + I_1}{2}}$$

$$= Q_1 \frac{2\cos\dfrac{u_1' + I_1'}{2}\cos\dfrac{u_1' - I_1'}{2}}{2\cos\dfrac{u_1 + I_1}{2}\cos\dfrac{u_1 - I_1}{2}}$$

$$= Q_1 \frac{\cos u_1' + \cos I_1'}{\cos u_1 + \cos I_1}$$

整理化简得

$$Q_1' = \frac{Q_1(\cos u_1' + \cos I_1')}{\cos u_1 + \cos I_1} \tag{3.16}$$

第三步：计算光线传播到第二个面后的角度 u_2 和到镜面中心的垂直距离 Q_2。其中实际光线追迹辅助示意图如图 3.21 所示。

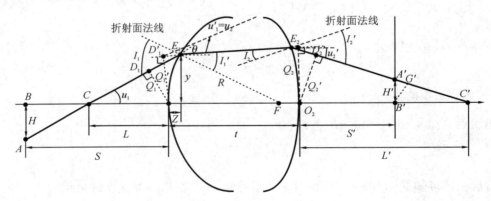

图 3.21　实际光线追迹辅助示意图

在图 3.21 中，由正弦定理得

$$Q_2 = Q_1' + t\sin u_1' \tag{3.17}$$

由图 3.21 中角度关系可知

$$u_2 = u_1' \tag{3.18}$$

第四步：计算后截距 L' 和像高 H'。

在 $\triangle C'D_2'O_2$ 中，由正弦定理可得

$$L' = \frac{Q_2'}{\sin u_2'} \tag{3.19}$$

在 $\triangle C'D'_2O_2$ 中，过 B' 做垂直于 $C'E_2$ 的直线交于 G'，以及平行于 O_2E_2 的直线交于 A'，由三角关系可得

$$Q'_2 = O_2G + GD'_2 = H'\cos u'_2 - S'\sin u'_2$$

化简整理可得

$$H' = \frac{Q'_2 + S'\sin u'_2}{\cos u'_2} \tag{3.20}$$

类比近轴光线追迹过程，实际光线追迹过程也分为四个步骤，以上推导过程可以整理为以下四个步骤：

（1）确定初始追迹光线的角度 u 和到镜面中心的垂直距离 Q，其中对于轴上光线，$Q = -L\sin u$；对于轴外光线，$Q = H\cos u - S\sin u$。

（2）利用下面一系列公式计算光线经过第一个面后出射光线的角度 u' 和到镜面中心的垂直距离 Q'，即

$$\sin I = Qc + \sin u, \quad c = \frac{1}{R}$$

$$\sin I' = \frac{n\sin I}{n'}$$

$$u' = u - I + I'$$

$$Q' = \frac{Q(\cos u' + \cos I')}{(\cos u + \cos I)}$$

（3）利用下面公式计算光线在空间中自由传播到下一个面后的角度 u_{j+1} 和到镜面中心的垂直距离 Q_{j+1}，即

$$Q_{j+1} = Q'_j + t\sin u'_j, \quad u_{j+1} = u'_j$$

（4）重复步骤(1)~(3)，直到计算完追迹光线经过光学系统最后一面的角度 u 和到镜面中心的垂直距离 Q。接着通过下面公式计算后截距 L'_k 和像高 H'，即

$$L'_k = \frac{-Q'_k}{\sin u'_k}$$

$$H' = \frac{Q'_k + S'_k\sin u'_k}{\cos u'_k}$$

2. 实际和近轴光线追迹的区别

下面对实际和近轴光线追迹的区别进行举例说明。

对于同一个单透镜，分别使用近轴光线追迹公式和实际光线追迹公式追迹同一条轴上的光线，已知初始角 u 为 $+1.00°$，光线穿过透镜时距离轴约 20 mm。光学系统的参数如表 3.3 所示。

表3.3　光学系统参数

光学系统参数	物面	物面到 第1个面	第1个面	第1个面到 第2个面	第2个面	第2个面 到像面	像面
透镜的曲率 半径 R	—	—	100.00	—	−100.00	—	—
透镜曲率 c	0.00	—	0.01	—	−0.01	—	0.00
镜面距离 t	—	300.00	—	20.00	—	—	—
介质折射率 n	—	1.00	—	1.50	—	1.00	—

具体思路如下：

（1）使用近轴光线追迹公式求出光线经过透镜之后与光轴的交点距最后一个透镜面的距离 l'，并把距离 l' 处的平面作为像面。近轴光线追迹示意图如图 3.22 所示。

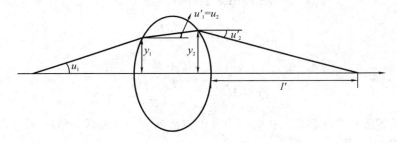

图 3.22　近轴光线追迹示意图

（2）将近轴光线追迹求得的后截距作为实际光学追迹中像面点位置，并使用实际光线追迹公式计算光线在该像面上的成像高度（像高）H，以及该光线经过透镜之后与光轴的交点距最后一个透镜面的距离 L。实际光线追迹示意图二如图 3.23 所示。

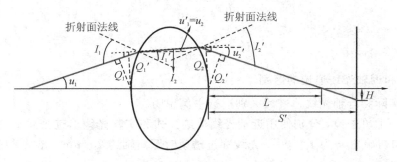

图 3.23　实际光线追迹示意图二

Python 实现步骤如下（用到的库有 NumPy、Matplotlib）：

（1）定义光学系统以及光线；

（2）定义近轴光线追迹子函数以及实际光线追迹子函数；

（3）求光学系统的焦距；

（4）使用近轴光线追迹公式对光线进行追迹，并求出光线在理想像面上的成像高度（像高）以及后截距；

（5）使用实际光线追迹公式对光线进行追迹，并求出光线在理想像面上的成像高度（像高）以及后截距；

（6）将计算结果输出。

编程建议：将写好的子函数放在一个模块中，采用在主程序中导入模块的方式调用子函数。

用 Python 代码实现如下：

```python
# 近轴光线追迹
def paraxial_raytrace(u1, y1, n1, n2, C, t):
    u2 = (n1 * u1 - y1 * (n2 - n1) * C)/n2
    y2 = y1 + t * u2
    return u2, y2


# 实际光线追迹
def actual_raytrace(sinu1, Q1, n1, n2, C, t):
    sinI1 = Q1 * C + sinu1
    sinI2 = n1 * sinI1/n2
    I1 = math.asin(sinI1)
    I2 = math.asin(sinI2)
    u1 = math.asin(sinu1)
    u2 = u1 - I1 + I2
    Q2 = Q1 * (math.cos(u2) + math.cos(I2))/(math.cos(u1) + math.cos(I1))
    return math.sin(u2), Q2


# 1.定义光学系统
obj = {'C': 0.0, 't': -300, 'n': 1.0}
surf1 = {'C': 1.0 / 100, 't': 20.0, 'n': 1.5}
surf2 = {'C': -1.0 / 100, 't': 0, 'n': 1.0}
img = {'C': 0.0, 't': 0.0, 'n': 1.0}
```

```python
LensSys=[obj, surf1, surf2, img]


# 2.近轴光学追迹并计算后截距
print("1. 近轴光线追迹：")
axial_rays=[]  # 由 u y 表示
axial_rays.append({'u': 0.1, 'y': 20.0})  # 与光轴平行，入射光线在第一个面高度为 20 的光线
for i in range(1, len(LensSys)-1):
    u, y=paraxial_raytrace(axial_rays[i-1]['u'], axial_rays[i-1]['y'],
                LensSys[i-1]['n'], LensSys[i]['n'],
                LensSys[i]['C'], LensSys[i]['t'])
    axial_rays.append({'u': u, 'y': y})
l=-axial_rays[len(axial_rays)-2]['y']/axial_rays[len(axial_rays)-1]['u']  # 光线与光轴交点
print("l={:.5f}".format(l))
# 3.使用实际光线追迹公式追迹光线
print("2. 实际光线追迹：")
L=-200.0
sinu1=0.1
Q1=-L * sinu1
axial_rays=[]   # 由 sinu Q1 sinI1　Q2　sinI2 表示
axial_rays.append({'sinu1': sinu1, 'Q1': Q1})
for i in range(1, len(LensSys)):
    sinu2, Q2=actual_raytrace(axial_rays[i-1]['sinu1'], axial_rays[i-1]['Q1'],
                LensSys[i-1]['n'], LensSys[i]['n'],
                LensSys[i]['C'], LensSys[i]['t'])
    axial_rays[i - 1]['Q2']=Q2
    aaa=LensSys[i]['t']
    Q21=Q2+LensSys[i]['t'] * sinu2
    axial_rays.append({'sinu1': sinu2, 'Q1': Q21})


#计算后截距以及光线在像面上的成像高度
L=-axial_rays[len(axial_rays)-2]['Q2']/axial_rays[len(axial_rays)-1]['sinu1']
H=(axial_rays[len(axial_rays)-2]['Q2']+axial_rays[len(axial_rays)-1]['sinu1'] * l)/math.
cos(math.asin(axial_rays[len(axial_rays)-1]['sinu1']))
    print("L={:.5f}".format(L))
    print("H={:.5f}".format(H))
```

输出结果如下：

近轴光线追迹：

$l = 200.000\ 00$

实际光线追迹：

$L = 181.942\ 95$

$H = -1.988\ 06$

3.2.3　任意三维光线追迹

1. 任意三维光线追迹

在上一节中，我们提到了弧矢光线不能采用二维光线追迹的公式来计算，而需要采用三维光线追迹公式。为了计算这部分光线在像面上的位置，我们需要定义所有的光线都是三维的，任何一条光线是由初始点的三维坐标 (x, y, z) 和它的三维方向向量 (X, Y, Z) 决定的。它的追迹过程也分为四步。

(1) 确定初始追迹面上需要追迹的一条光线的起始坐标 (x, y, z) 和方向向量 (X, Y, Z)，则

$$c(x^2 + y^2 + z^2) - 2z = 0$$
$$X^2 + Y^2 + Z^2 = 1.0$$

其中 c 是参考面的曲率。

(2) 利用下面一系列公式计算该光线经过某个面的交点 (x_1, y_1, z_1)，c_1 是所在面的曲率，t 是两个面之间的轴向距离，e 为过渡表达式，M 类似于实际光线追迹里的 Q，也是一个过渡表达式，E_1 是入射角的正弦值，L 是光线沿光轴的长度，于是

$$e = tZ - (xX + yY + zZ)$$
$$M_1 = z + eZ - t$$
$$M_1^2 = x^2 + y^2 + z^2 - e^2 + t^2 - 2tz$$
$$E_1 = \sqrt{Z^2 - c_1(c_1 M_1^2 - 2M_{1z})}$$
$$L = e + \frac{c_1 M_1^2 - 2M_{1z}}{Z + E_1}$$
$$z_1 = z + LZ - t$$
$$Y_1 = y + LY$$
$$x_1 = x + LX$$

(3) 求经过该面之后出射角的正弦值 E'，即

$$E' = \sqrt{1 - \left(\frac{n}{n_1}\right)^2 (1 - E_1^2)}$$

(4) 求出射光线的方向向量(X_1, Y_1, Z_1)，其中 g_1 为中间过渡表达式，无具体物理意义，于是

$$g_1 = E_1' - \frac{n}{n_1}E_1$$

$$Z_1 = \frac{n}{n_1}Z - g_1 c_1 z_1 + g_1$$

$$Y_1 = \frac{n}{n_1}Y - g_1 c_1 y_1$$

$$X_1 = \frac{n}{n_1}X - g_1 c_1 x_1$$

经过以上四步，我们可以计算出在起始面上(曲率为 c)的任意光线经过另一折射面(曲率为 c_1)之后出射光线的位置(x_1, y_1, z_1)和方向向量(X_1, Y_1, Z_1)，其中两个面之间的距离为 t，前后空气的折射率分别为 n 和 n_1。由此，可以推导出经过 N 个面之后到达像面位置的光线的坐标和方向向量。这也是目前大部分商业光学设计软件中三维光线的追迹公式，由于其推导过程较为复杂，此处不展开描述。

这些公式可以用来做任意三维光线的追迹，在现代计算机的算力面前也是极快速的。所以，经典的旋转对称光学系统也可以直接跳过二维实际光线追迹而直接采用三维光线追迹，对于设计过程和优化的速度影响不大。我们在下文的具体例子中讲述这一组公式的具体应用。

2. 任意三维光线追迹示例

下面对任意三维光线追迹进行举例说明。

任意三维光线追迹示意图如图 3.24 所示。使用三维实际光线追迹公式追迹一条任意斜光线，求出光线在透镜面、像面上的坐标以及方向向量。已知光线的初始点为$(0, 0, 0)$，归一化的方向向量为$(0.1, -0.1, 0.989\,949\,5)$。光学系统的具体参数如表 3.4 所示。

表 3.4　光学系统的具体参数

光学系统参数	物面	物面到第 1 面	第 1 个面	第 1 个面到第 2 个面	第 2 个面	第 2 个面到像面	像面
透镜的曲率半径 R	—	—	100.00	—	−100.00	—	—
透镜曲率 c	0.00	—	0.01	—	−0.01	—	0.00
镜面距离 t	—	300.00	—	20.00	—	60.00	—
介质折射率 n	—	1.00	—	1.50	—	1.00	—

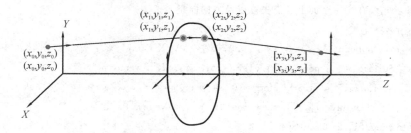

图 3.24   任意三维光线追迹示意图

用 Python 代码实现如下：

```python
import math
import numpy as np


#3D 实际光线追迹
def skew_raytrace(x1, y1, z1, X1, Y1, Z1, n1, n2, t, c):
    e=t * Z1 - (x1 * X1+y1 * Y1+z1 * Z1)
    M1z=z1+e * Z1 - t
    M12=x1 * x1+y1 * y1+z1 * z1 - e * e+t * t - 2 * t * z1
    E1=math.sqrt(Z1 * Z1 - c * (c * M12 - 2 * M1z))
    L=e+(c * M12 - 2 * M1z)/(Z1+E1)
    z2=z1+np.dot(L, Z1) - t
    y2=y1+np.dot(L, Y1)
    x2=x1+np.dot(L, X1)
    E2=math.sqrt(1 - ((n1/n2) * * 2) * (1 - E1 * * 2))
    g1=E2 - (n1/n2) * E1
    Z2=(n1/n2) * Z1 - g1 * c * z2+g1
    Y2=(n1/n2) * Y1 - g1 * c * y2
    X2=(n1/n2) * X1 - g1 * c * x2
    return x2, y2, z2, X2, Y2, Z2


# 1.定义光学系统
obj={'C': 0.0, 't': 300.0, 'n': 1.0}
surf1={'C': 1.0 / 100, 't': 20.0, 'n': 1.5}
surf2={'C': -1.0 / 100, 't': 60, 'n': 1.0}
img={'C': 0.0, 't': 0.0, 'n': 1.0}
LensSys=[obj, surf1, surf2, img]
```

```
# 2.求光线在每一个面上的点坐标以及方向向量
skew_rays=[]
skew_rays. append({'x': 0.0, 'y': 20.0, 'z': 0.0, 'X': 0.1, 'Y': −0.1, 'Z':0.9899495})
print("Surface #{}: point=[{:.5f}, {:.5f}, {:.5f}], vector="
    "[{:.5f}, {:.5f}, {:.5f}]".format(0, skew_rays[0]['x'], skew_rays[0]['y'], skew_rays[0]['z'],
        skew_rays[0]['X'], skew_rays[0]['Y'], skew_rays[0]['Z']))
for i in range(1, len(LensSys)):
    x2, y2, z2, X2, Y2, Z2=skew_raytrace(skew_rays[i−1]['x'], skew_rays[i−1]['y'],
                    skew_rays[i−1]['z'], skew_rays[i−1]['X'],
                    skew_rays[i−1]['Y'], skew_rays[i−1]['Z'],
                    LensSys[i−1]['n'], LensSys[i]['n'],
                    LensSys[i−1]['t'], LensSys[i]['C'])
    skew_rays. append({'x': x2, 'y': y2, 'z': z2, 'X': X2, 'Y': Y2, 'Z': Z2})
    print ("Surface #{}: point=[{:.5f}, {:.5f}, {:.5f}], vector="
        "[{:.5f}, {:.5f}, {:.5f}]".format(i, skew_rays[i]['x'], skew_rays[i]['y'], skew_rays
        [i]['z'], skew_rays[i]['X'], skew_rays[i]['Y'], skew_rays[i]['Z']))
```

输出结果如下：

Surface #0：point=[0.00000, 20.00000, 0.00000], vector=[0.10000, −0.10000, 0.98995]

Surface #1：point=[30.86046, −10.86046, 5.50300], vector=[−0.04394, −0.02774, 0.99865]

Surface #2：point=[30.46032, −11.11310, −5.40260], vector=[−0.23537, 0.02021, 0.97170]

Surface #3：point=[14.61813, −9.75263, 0.00000], vector=[−0.23537, 0.02021, 0.97170]

3.3　像　差　理　论

3.3.1　波像差

理想像面上的任意一点本质上都是一个球面波汇聚而成的。在实际成像系统中，这个球面波不一定是完美的球面，可能存在偏差。理想波面和实际波面的差值就是波像差（Wavefront Error），在出瞳面（XP）上的波像差示意图如图 3.25 所示。波像差一般采用极坐标计算，其表达式为

$$\delta(x_p, y_p) = w_A(x_p, y_p) - w_R(x_p, y_p)$$

其中，(x_p, y_p) 是光瞳坐标；w_R 是以参考像点为圆心、R 为半径的理想波面，一般叫作参

考波面；w_A 是实际波面。

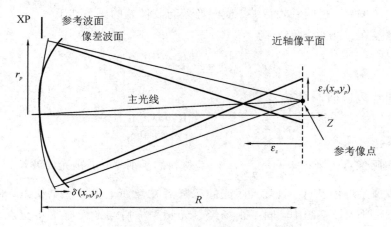

图 3.25　在出瞳面（XP）上的波像差示意图

可以看出，δ 是光瞳坐标 $(x_p,\ y_p)$ 的函数。由于波像差一般采用极坐标计算，因此光瞳的极坐标表征形式为

$$x_p = \rho\sin\theta,\ y_p = \rho\cos\theta$$

光瞳采用 x、y 两个维度坐标表示，任一点 $(x_p,\ y_p)$ 都落在以入瞳中心为圆点、ρ 为半径的圆上。光瞳的极坐标表征示意图如图 3.26 所示。

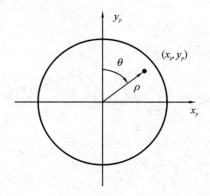

图 3.26　光瞳的极坐标表征示意图

波像差是极坐标下理想波面和实际波面的偏差。如果要与像面建立联系，那么需要用横向像差和轴向像差来表征。

（1）横向像差（Transverse Aberration/Lateral Aberration）。横向像差是指光线在像面上与理想像点的偏差，也叫垂轴像差。横向像差与波像差的关系如下：

与理想像点在 y 方向的偏差为

$$\varepsilon_y(x_p,y_p) = -\frac{R}{r_p}\frac{\partial\delta(x_p,y_p)}{\partial y_p} \tag{3.21}$$

与理想像点在 x 方向的偏差为

$$\varepsilon_x(x_p,y_p) = -\frac{R}{r_p}\frac{\partial\delta(x_p,y_p)}{\partial x_p} \tag{3.22}$$

其中，r_p 是实际像点的半径，$\dfrac{R}{r_p}=\dfrac{-1}{n'u'}$；$n'$ 是材料的折射率；u' 是光的波长。

在完善成像系统中，同一视场经过光瞳采样后在像面上只有一个交点，也就是理想像点。而在实际光学成像系统中，同一视场经过光瞳采样后与像面有很多交点。常见光学设计软件 Zemax 中横向像差示意图如图 3.27 所示，图中横纵坐标对应归一化的光瞳坐标，横坐标 p_x 和 p_y 代表入瞳面上的 x 和 y 方向发出的光线，e_x 和 e_y 的数值代表这些光线与理想像点的偏差大小。如果对整个入瞳进行二维光线采样，那么这些采样光线在像面上的交点会形成一系列的弥散点，称为弥散斑。每个视场都会有一个弥散斑，称为该视场的点列图。Zemax 中不同视场的点列图如图 3.28 所示。

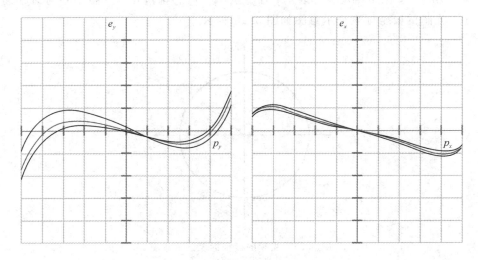

图 3.27　Zemax 中横向像差示意图

（2）轴向像差（Axial Aberration）。光线不仅与像面有交点，而且与光轴也有交点。在实际成像系统中，光线与光轴的交点和像面与光轴的交点之间的偏差称为轴向像差，也叫

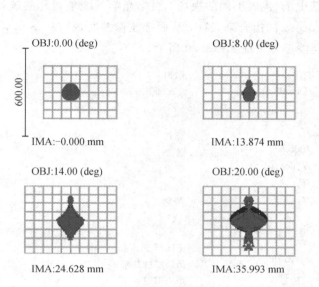

图 3.28　Zemax 中不同视场的点列图示意图

径向像差（Longitudinal Aberration）。Zemax 中径向像差示意图如图 3.29 所示。图中，横坐标是像差值，纵坐标是入瞳的相对口径 ，实线代表子午光线，虚线代表弧矢光线。

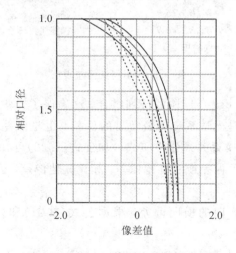

图 3.29　Zemax 中径向像差示意图

3.3.2　三阶像差

波像差 $\delta(x_p, y_p)$ 在同一视场下的极坐标表征为 $\delta(\rho, \theta)$。进一步考虑不同视场的波像差，其表达式为 $\delta(H, \rho, \theta)$，其中 H 代表不同的视场。根据光学系统轴对称的统计规律，我们发现所有项都可以用 ρ^2 和 $\rho\cos\theta$ 的组合来表征，从而把波像差写成 $(H, \rho^2, \rho\cos\theta)$ 的幂级数 $H^I\rho^J\cos^K\theta$ 的形式，不同波像差表征如图 3.30 所示。

$$W = W_d\rho^2 \qquad\qquad\qquad\qquad 散焦$$
$$+W_{111}H\rho\cos\theta \qquad\qquad\qquad 波前倾斜$$

三阶项

$$+W_{040}\rho^4 \qquad\qquad\qquad\qquad 球差$$
$$+W_{131}H\rho^4\cos\theta \qquad\qquad\qquad 彗差$$
$$+W_{222}H^2\rho^2\cos^2\theta \qquad\qquad 像散$$
$$+W_{220}H^2\rho^2 \qquad\qquad\qquad\quad 场曲$$
$$+W_{311}H^3\rho\cos\theta \qquad\qquad\quad 畸变$$

五阶项

$$+W_{060}\rho^6 \qquad\qquad\qquad\qquad 五阶球差$$
$$+W_{151}H\rho^5\cos\theta \qquad\qquad\qquad 五阶线性彗差$$
$$+W_{422}H^4\rho^2\cos^2\theta \qquad\qquad 五阶像散$$
$$+W_{420}H^4\rho^2 \qquad\qquad\qquad\quad 五阶场曲$$
$$+W_{511}H^5\rho\cos\theta \qquad\qquad\quad 五阶畸变$$
$$+W_{240}H^2\rho^4 \qquad\qquad\qquad\quad 矢状斜球差$$
$$+W_{242}H^2\rho^4\cos^2\theta \qquad\qquad 切向斜球差$$
$$+W_{331}H^3\rho^3\cos\theta \qquad\qquad\quad 椭圆立方彗差$$
$$+W_{333}H^3\rho^3\cos\theta \qquad\qquad\quad 椭圆线性彗差$$
$$+高阶项$$

图 3.30　不同波像差表征

波像差是 H、ρ^2 和 $\rho\cos\theta$ 不同阶的排列组合，这确保了光学成像系统的轴对称性。当 $I+J=4$ 时，对应的像差是光学系统中最常见的像差，也是像差最主要的组成部分。根据波像差和横向像差之间的换算关系公式（3.21）和公式（3.22）可知，横向像差经过求导之后变成三阶，所以也叫作三阶像差或者赛德像差。相比其他像差，这些像差的阶次最低，因此也叫作初级像差。

三阶像差是沿 x、y 方向的横向偏差，根据公式（3.21）和公式（3.22）对波像差求偏导得

$$\varepsilon_y = B_1\rho^3\cos\theta + B_2H\rho^2(2+\cos2\theta) + (3B_3+B_4)H^2\rho\cos\theta + B_5H^3$$
$$\varepsilon_x = B_1\rho^3\sin\theta + B_2H\rho^2\sin2\theta + (B_3+B_4)H^2\rho\sin\theta$$

其中，$B_1 \sim B_5$ 分别称为三阶球差、彗差、像散、场曲和畸变系数。横向像差的均方根误差（RMS）值通常是所有取样光线的 ε_y 和 ε_x 的均方根。

三阶像差是波像差展开下的特定形式。在大部分光学系统中，三阶像差是像差的最主要组成部分。根据直观表现形式不同，像差可以分成七种像差，其中单色像差有五种，分别是球差、彗差、像散、场曲和畸变；复色像差有两种，分别是轴向色差（位置色差）和垂轴色差（倍率色差）。我们对视场进行采样时，主要三阶像差与入瞳孔径 y 和视场 H 的函数关系如表 3.5 所示。

表 3.5　主要三阶像差与入瞳孔径 y 和视场 H 的函数关系

像差	入瞳孔径	视场（像高）
球差	y^3	—
彗差	y^2	y
像散	y	H^2
场曲	y	H^2
畸变	—	H^3
位置色差	y	—
倍率色差	—	y

1. 球差（Spherical Aberration）

轴上物点发出的光束经光学系统后相对理想像点有偏差，在像面上形成一个圆形弥散斑，这就是球差，球差示意图如图 3.31 所示。一般以实际光线在像方与光轴的交点相对于近轴光线与光轴交点的轴向或垂轴距离来度量球差。

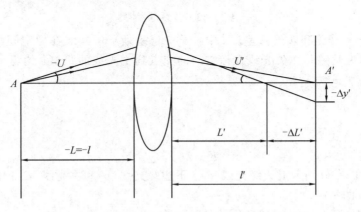

图 3.31　球差示意图

球差分为横向（Transverse）球差（或垂轴球差）和轴向（Longitudinal）球差（或径向球

差）。其中，轴向球差的计算公式为

$$\Delta L' = L' - l'$$

横向球差的计算公式为

$$\Delta y' = \tan(U')\Delta L'$$

式中，L' 为近轴光线与光轴的交点和主面之间的距离，l' 为实际光线与光轴的交点和主面之间的距离，U' 为近轴光线与光轴的夹角。

单个正透镜产生负球差，单个负透镜产生正球差。用正负透镜组合或者非球面可以校正球差。球差是入瞳孔径的函数，与视场没有关系。

2. 彗差（Coma）

轴外点发出的光线不会完美地汇聚于同一点，而是呈现类似于彗星的形状，称为彗差。彗差示意图如图 3.32 所示。彗差与光阑位置的关系较大，通过调整光阑位置的来选择不同的轴外光束可控制彗差。

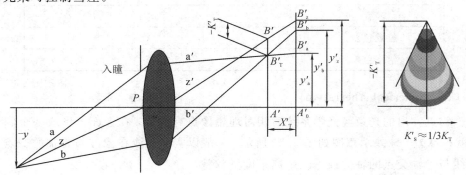

图 3.32　彗差示意图

彗差分为子午彗差和弧矢彗差。其中，子午彗差是子午光线在像空间的交点到主光线的垂轴距离；弧矢彗差是弧矢光线在像空间的交点到主光线的距离，约为子午彗差的 1/3。子午彗差的计算公式为

$$K'_{\mathrm{T}} = \frac{y'_{\mathrm{a}} + y'_{\mathrm{b}}}{2} - y'_{\mathrm{z}}$$

弧矢彗差的计算公式为

$$K'_{\mathrm{s}} = y'_{\mathrm{s}} - y'_{\mathrm{z}}$$

式中，y'_{a}、y'_{b} 和 y'_{z} 分别为上边缘光线（a）、下边缘光线（b）和主光线（z）的像高，y'_{s} 是弧矢面与理想面交线的像高。

彗差是入瞳孔径（二阶）和视场（一阶）的函数。

3. 像散与场曲（Astigmatism and Field Curvature）

（1）像散。轴外物点发出的光束与光轴有一倾斜角，该光束经透镜折射后，其子午细光

束与弧矢细光束焦点之间的偏差叫作像散。像散示意图如图 3.33 所示，图中子午最佳像点 T' 与弧矢最佳像点 S' 之间的轴向偏差即为像散的数值。子午细光束和弧矢细光束不能聚焦于一点而产生像散，故导致成像不清晰。

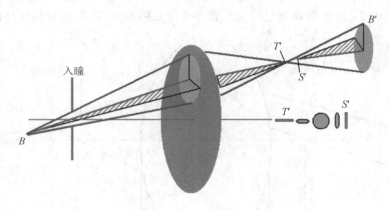

图 3.33　像散示意图

（2）场曲。不同视场在像方的最佳成像点不在一个平面，而是近似成一曲面，称为场曲。场曲示意图如图 3.34 所示。子午场曲和弧矢场曲分别对应图 3.34 中的 B'_t 和 B'_s。当透镜存在场曲时，整个光束的焦点与理想像点不重合，虽然在每个特定点都能得到清晰的像点，但整个像平面是一个曲面。

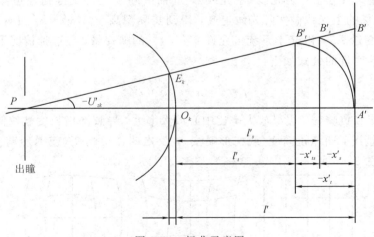

图 3.34　场曲示意图

　　如果像散通过不同的透镜组合被消除，那么此时的子午场曲和弧矢场曲相等，这时的场曲称为 Petzval 场曲。Petzval 场曲只与透镜的焦距有关系，可通过透镜焦距组合校正。

4. 畸变（Distortion）

（1）畸变。在理想情况下，放大率是常数，但在实际光学系统中，不同视场放大率之间的差别使像发生扭曲，称为畸变。畸变示意图如图 3.35 所示。畸变只引起像的变形，但不影响成像的清晰度，我们容易通过畸变预置等手段去除畸变（投射信号预置补偿）。

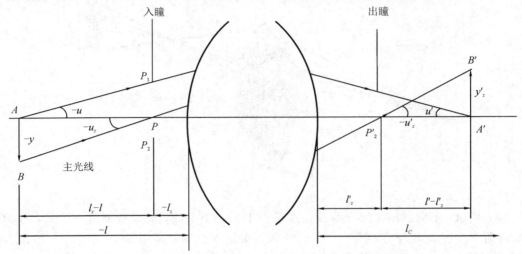

图 3.35　畸变示意图

（2）畸变量。只考虑一条光线（主光线），近轴追迹该主光线得到理想像高 y'（默认已知）；对不同视场的主光线做实际光线追迹，得到实际像高 y'_z，$y'_z - y'$ 相对理想高度 y' 的百分比称为畸变量 q。一般光学系统可允许 2%～4% 的畸变量，在这种情况下，人眼看不出明显的变形。畸变量的公式如下：

$$q = \frac{y'_z - y'}{y'} \times 100\%$$

（3）正畸变和负畸变。边缘放大率比中心放大率大，导致网格长度被拉伸，出现实际 y 比理想 y 大的情况，叫作正畸变（或枕形畸变），反之叫作负畸变（或桶形畸变）。枕形畸变和桶形畸变如图 3.36 所示。

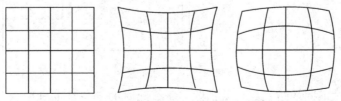

图 3.36　枕形畸变和桶形畸变示意图

5. 色差(Chromatic Aberration)

其他 5 种像差均是针对单一波长的，不需考虑波长的影响。实际光为复色光，透镜材料对不同颜色的光有不同的折射率，这导致不同颜色的光经过透镜后会发生不同程度的折转，形成色差。不同材料的正负透镜组合可以校正色差。色差分为轴向色差和横向色差。

（1）轴向色差。蓝(F)光的最佳像面跟红(C)光的最佳像面之间的偏差叫作轴向色差。轴向色差与孔径有关，具体表现为不同颜色的弥散圆斑。轴向色差示意图如图 3.37 所示。轴向色差计算公式为

$$\Delta L'_{FC} = L'_F - L'_C$$

式中，L'_F 是蓝光的汇聚点与主面的距离；L'_C 是红光的汇聚点与主面的距离。

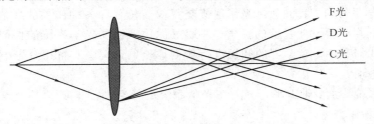

图 3.37　轴向色差示意图

（2）横向色差。不同颜色的光在像面上得到的像高不同，存在类似于放大率的偏差，称为横向色差。横向色差也称为倍率色差，与视场有关，其示意图如图 3.38 所示。

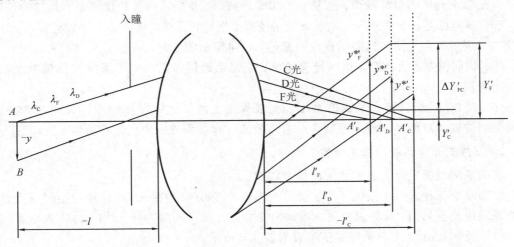

图 3.38　倍率色差示意图

横向色差的计算公式为

$$\Delta Y'_{FC} = Y'_F - Y'_C$$
$$Y'_F = (l'_F - l') \tan(u'_F)$$
$$Y'_C = (l'_C - l') \tan(u'_C)$$

式中，Y'_F 是蓝光的色差值，Y'_C 是红光的色差值，l'_F 是蓝光的汇聚点与主面的距离，l'_C 是红光的汇聚点与主面的距离，l' 是绿（D）光的汇聚点与主面的距离，u'_F 是蓝光与光轴的夹角，u'_C 是红光与光轴的夹角。

3.3.3　实际像差计算

1. 实际像差计算

在设计光学系统时，我们通过光线追迹获得像面位置和各种像差的数值，从而评估光学系统的性能，判断所设计系统的优劣，并通过优化来提高光学系统的性能。以三片式光学系统为例，我们利用本章学习的知识进行典型像差的计算。下面我们先给出计算中涉及的一些基本概念：

（1）光学系统焦面，轴上平行光束在光学系统的像空间汇聚成的一个点与光轴的垂面称为光学系统焦面。

（2）光束最佳像面，在指定视场下，同一视场发出的光称为光束，横向像差最小的面称为该视场下的光束最佳像面。

（3）光学系统像面，使所有视场的光束弥散斑 RMS 值最小的面称为光学系统像面，其也可以是轴上光束的最佳像面。这是一个相对的概念，是接收图像的探测器所放置的位置。

（4）横向像差，光束经过光学系统后在像面上形成弥散斑，而并非一个理想像点。这个弥散斑与理想像点之间的偏差叫作横向像差，也叫作垂轴像差，一般用点列图来表征。

（5）轴向像差，轴向像差也叫径向像差，是光束最佳像面和光学系统实际像面之间的轴向位置偏差。

（6）畸变，我们选择光学成像系统理想成像面上的主光线并使用实际光线追迹公式，计算得到的成像点像高和使用近轴光线追迹公式计算得到的成像点像高的偏差为畸变。

2. 三片式光学系统的像差特性

下面举例说明三片式光学系统的像差特性。

已知一个三片式光学系统，其示意图如图 3.39 所示，用 Python 计算并绘制该光学系统的横向像差点列图、径向像差曲线图和畸变曲线。系统入瞳直径为 37 mm，光学系统工作在单波长 550 nm，光学系统其他参数如表 3.6 所示。

（1）绘制 0°、8°、14°、20°四个视场的点列图。

（2）绘制 [0°，20°] 以内分别对入瞳 p_x 和 p_y 方向的径向像差曲线。

（3）绘制 [0°，20°] 以内所有视场的畸变，每隔 1°采样，并以视场角为横坐标、畸变误差为纵坐标绘制畸变曲线图。

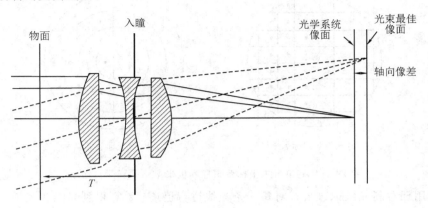

图 3.39　三片式光学系统示意图

表 3.6　光学系统的参数

光学系统参数	第 1 面	第 2 面	第 3 面	第 4 面	第 5 面	第 6 面
透镜的曲率半径 R	＋40.94	0.00	－55.65	＋39.75	＋107.56	－43.33
镜面距离 t		8.74	11.05	2.78	7.63	9.54
介质折射率 n		1.62	1.00	1.65	1.00	1.62

具体思路如下：

（1）由于一条光线是来自某个物点并经过入瞳面上某一点的射线，因此光学系统的光线计算首先要进行合理的光线采样，以表征不同物点。不同物点发出的光线需要均匀分布在入瞳面上，也称为入瞳采样。对于所有这些视场和入瞳采样后的光线，根据实际光线追迹可得到它们在像面上的实际位置。根据这些位置点在入瞳面上的坐标把它们进行排列就可以得到横向像差点列图。具体计算过程如下：

① 使用近轴光线追迹公式计算轴上一束平行光与光轴的交点，以确定光学系统的光束最佳成像面。

② 对其他视场的光线进行采样。将物点看作无穷远，光线是由入瞳面上的圆形光源发出的，可以在该圆上对点光源进行采样以达到对光线采样的目的，笛卡尔坐标系采样和极坐标系采样如图 3.40 所示。光线在入瞳平面上可以有不同的均匀分布。

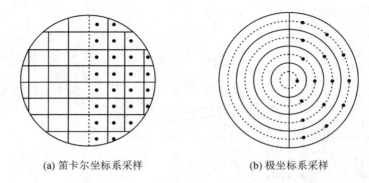

(a) 笛卡尔坐标系采样　　　　　　　　(b) 极坐标系采样

图 3.40　笛卡尔坐标系采样和极坐标系采样示意图

③ 使用任意斜光线追迹公式对每一条光线进行追迹，计算得到光线在光学系统的理想成像面上的坐标。

④ 以主光线的成像点为坐标系原点，将其余成像点(x,y)在坐标系中绘制并显示出来。点列图结果示意图如图 3.41 所示。

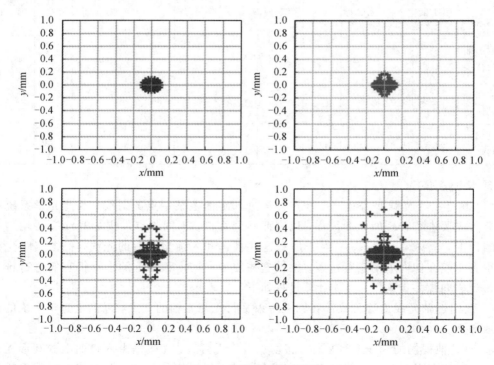

图 3.41　点列图结果示意图

（2）径向像差是不同视场发出的光束的最佳像面与光学系统实际像面之间的轴向位置偏差。为了计算某一光束的最佳像面，我们在距离光学系统焦面 $-2 \sim 2$ mm 的轴向范围中计算每个位置的点列图，并将光斑最小的位置确定为光学系统的最佳成像面。

在每个视场角采样两组光线，采样半径 $R = 17$，其中一组光线采样时，x 恒为 0，y 从 $-R \sim R$ 遍历；另一组光线采样时，y 为 $-L \times \tan(\theta)$，x 从 $-R \sim R$ 遍历，两组光线的采样示意图如图 3.42 所示。分别对这两组光线计算径向像差，并绘制径向像差曲线，绘制结果如图 3.43 所示。

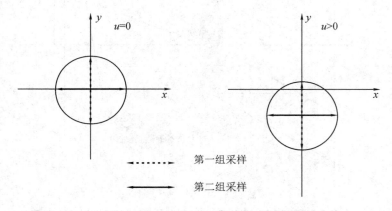

图 3.42　入瞳采样示意图

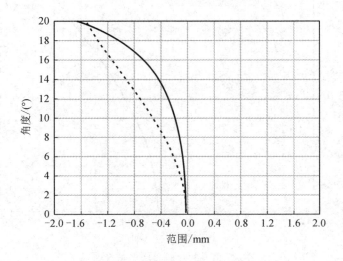

图 3.43　径向像差曲线结果示意

（3）在光学系统理想成像面上，对主光线采用近轴光线追迹和实际光线追迹公式分别计算出 y'_z 和 y'，计算示意图如图 3.44 所示，其中入瞳直径为 37 mm。由公式 $q = \dfrac{y'_z - y'}{y'} \times 100\%$ 计算得到畸变量，畸变曲线结果示意图如图 3.45 所示。

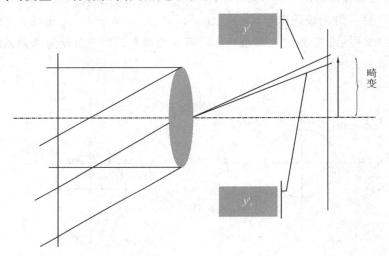

图 3.44　畸变计算示意图

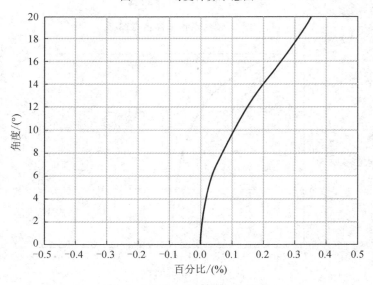

图 3.45　畸变曲线结果示意图

　　编程建议：将光学系统定义在一个类里，绘制三个图像分别作为三个函数，均在 main 函数里调用。

　　用 Python 代码实现如下：

```
# 1.初始化光学系统
obj={'C': 0.0, 't': 100.0, 'n': 1.0}
surf1={'C': 1.0 / 40.94, 't': 8.74, 'n': 1.617}
surf2={'C': 0.0, 't': 11.05, 'n': 1.0}
surf3={'C': -1.0 / 55.65, 't': 2.78, 'n': 1.649}
surf4={'C': 1.0 / 39.75, 't': 7.63, 'n': 1.0}
surf5={'C': 1.0 / 107.56, 't': 9.54, 'n': 1.617}
surf6={'C': -1.0 / 43.33, 't': 0.0, 'n': 1.0}
img={'C':0, 't':0, 'n':1.0}
Lens=[obj, surf1, surf2, surf3, surf4, surf5, surf6, img]


pupilRadius=37/2            # 入瞳孔径大小
pupiltheta=20              # 最大视场角
pupilPosition=4            # 入瞳位置


# 实例化光学系统
lensSys=opticalSystem. LensSys(Lens, pupilRadius, pupiltheta, pupilPosition)
lensSys. calEfl()          # 计算光学系统焦距


### 2.计算横向像差点列图
lensSys. lateralAberration()


### 3.绘制径向像差曲线
lensSys. longitudalAberration()


### 4.绘制畸变曲线
lensSys. distortion()


class LensSys():

    def __init__(self, Lens, pupilRadius, pupiltheta, pupilPosition):
        self. Lens=Lens                        # 透镜参数
        self. pupilRadius=pupilRadius          # 入瞳半径 37/2
```

```
        self. pupiltheta＝pupiltheta          ＃ 最大视场角 20
        self. pupilPosition＝pupilPosition     ＃ 入瞳位置 4


    ＃ 计算焦距
    def calEfl(self)：
        ＊＊＊
        return ＊＊＊


    ＃ 计算一束光横向像差
    def lateralAberration(self，theta，apertureRays)：
        ＊＊＊
        return ＊＊＊


    ＃ 计算一束光径向像差
    def longitudalAberration(self，theta，apertureRays)：
        ＊＊＊
        return ＊＊＊


    ＃ 计算畸变曲线
    def distortion(self，theta)：
        ＊＊＊
        return ＊＊＊
```

输出点列图、径向像差曲线、畸变曲线结果示意图分别如图 3.41、图 3.43、图 3.45 所示。

3.4　光学系统优化

3.4.1　光学评价函数

1. 光学评价函数

利用大量光线追迹可以对光学系统的性能进行评价，具体的量化指标决定了系统优化的方向。光学评价函数（Merit Function，MF）会根据特定的参考指标对当前追迹的结果进行计算，从而得出一个具体的数值。光学系统的优化过程就是在允许的变量条件下，使这个评价函数的数值达到最小的过程。

常见的像质评价函数包括点扩散函数（Point Spread Function，PSF）和调制传递函数

(Modulation Transfer Function，MTF)等。其中，PSF 体现的是空间域，物理含义为一个物点发出的无数光线到达像面后的三维能量分布；而 MTF 更加强调频率域，物理含义为物体可以看作不同频率信息的叠加，光学系统将不同频率的信息以不同的对比度传递到像面，频率越低的信息，传递的可对比度越高。光学评价函数的一般表达式为

$$\text{MF} = \sum_i^N w_i (c_i - t_i)^2$$

其中，N 是 N 种约束，c_i 是对应项的当前值，t_i 是目标值，w_i 是权重。

在选择光学评价函数的表达式时，我们可以直接对光学系统的像质进行评估，比如计算光学系统的 MTF 值和 PSF 值。但是由于它们的计算速度相对较慢，因此在早期计算机算力有限的情况下，MF 的构建一般采用实际光线偏离理想位置的差值进行计算，并将焦距、相对孔径等确定系统相对尺寸的参数也写到评价函数中，以保证系统参数符合设计要求。除此之外，我们也可以限制镜片的厚度、镜片的曲率范围、空气间隔来保证系统的实用性和可加工性。在光学评价函数表征完备后就可以选择变量，再用特定的优化方法对光学系统进行优化。

1) 点扩散函数

点扩散函数是表征一个理想物点经过光学系统形成的分布的变换函数。理想的像点可以用狄拉克 δ 函数来表征，而实际上，由于光学系统存在衍射效应和像差，点扩散函数不可能是完美的 δ 函数，而是一个弥散斑。

理想光学系统不考虑像差，PSF 就是光瞳函数经过衍射变换的结果(具体的推导会在物理光学部分讲述)。由于衍射变换是空间线性不变的，因此理想系统的 PSF 具有空间线性不变性，即不随物点位置的变化而变化。理想系统的 PSF 简要表述为

$$\text{PSF}(f_X, f_Y) = \text{function}[P(x, y)]$$

实际光学系统的 PSF 不仅是光瞳的函数，而且与像差项 W 有关，而像差中包含与物体空间位置 x'、y' 相关的项，所以实际成像系统的 PSF 简要表述为

$$\text{PSF}(x', y'; f_X, f_Y) = \text{function}\left\{ P(x, y) \exp\left[\frac{\text{j}2\pi W(x', y')}{\lambda} \right] \right\}$$

例如，在一个非相关成像系统中，PSF 的表达式为

$$\text{PSF}(x', y') = \left| \int_{-\infty}^{+\infty} \int_{-\infty}^{+\infty} P(x_p, y_p) \exp \frac{\text{j}2\pi W(x_p, y_p)}{\lambda} \cdot \right.$$

$$\left. \exp[\text{j}2\pi(x_p f_x, y_p f_y)] \text{d}x_p \text{d}y_p \right|^2_{f_x = \frac{x'}{\lambda f}, f_y = \frac{y'}{\lambda f}}$$

其中，(x_p, y_p) 是光瞳函数，$W(p_x, p_y)$ 是波像差。

实际光学系统的 PFS 示意图如图 3.46 所示。

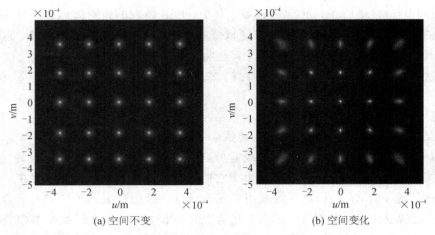

(a) 空间不变　　　　　　　　　　　(b) 空间变化

图 3.46　实际光学系统的 PSF 示意图

　　如果把光学系统看成线性不变系统，那么光学成像过程可以理解为物体上的点到像面上的点的一一映射关系。物体上的每一个物点卷积上对应的点扩散函数得到一个像点，系统物面上所有点卷积 PSF 再求和得到像面上的整体分布。所以在图像处理中，常常把 PSF 称作卷积核。由于空间变化的卷积核会耗费很多的算力，因此在图像处理中，经常把 PSF 看成是空间不变的，获得的图像与真实光学系统获得的图像也会有一些偏差。这也是计算光学成像时经常需要考虑的问题，即如何准确地估测卷积核才能最真实地反映光学系统的成像过程。

　　2）光学调制传递函数

　　光学调制传递函数是不同频率的信号经过光学系统后的变换，它可用于表征光学系统传递不同频率信号的能力。MTF 的计算公式为

$$\text{MTF}(f) = \frac{I_{\max} - I_{\min}}{I_{\max} + I_{\min}}$$

其中，$I_{\max}$ 是图像像素最大值，$I_{\min}$ 是图像像素最小值。

　　从这个定义可以看出，MTF 本质上是和图像的对比度一一对应的。在理想的无像差光学系统中，计算任意频率下的 MTF 的公式为

$$\text{MTF}(f) = \frac{2}{\pi}(\varphi - \cos\varphi\sin\varphi)$$

式中，$\varphi = \arccos\left(\dfrac{f}{f_0}\right)$，$f$ 是原频率，f_0 是频率最大值。

　　光学调制传递函数的计算示例如图 3.47 所示，图中的 MTF 函数可以作为光学系统优化的目标函数。图中对其中两个频率 f_1 和 f_2 处数值对应的物理意义进行了解释。f_1 对应

某一低频信号，f_2 对应某一高频信号，可以看出来，经过光学系统后，低频信号的对比度保持得较好，而高频信号则发生了混叠。MTF 值下降到零的地方称为截止频率（cut-off frequency），这是光学系统能够传递信号的最大频率。如果这个最大频率是由光学系统本身的性质决定的，那么计算公式为

$$f_0 = 2\mathrm{NA}/\lambda = \frac{1}{\lambda}\,(F\sharp)$$

式中，$F\sharp$ 是相对孔径的倒数，$F\sharp = F/D$；NA 表示数值孔径；λ 表示波长。

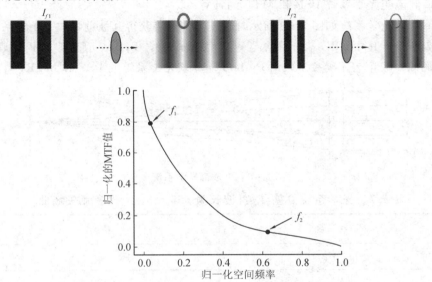

图 3.47　光学调制传递函数的计算示例

在使用探测器的光学系统里，根据采样定理，最高频率 f_N 一般是由探测器的耐奎斯特频率决定的，此时计算公式为

$$f_N = \frac{1000}{2A}$$

式中 A 是探测器的像素大小（μm）。

对于光学系统能够传递的最高频率和探测器能够探测的最高频率，二者中的最小值决定了整个系统的传递能力。在具体的 MTF 计算中，频率坐标可以对最高频率做归一化，如图 3.47 所示。

在有像差的光学系统中，MTF 的计算是点扩散函数 PSF 的傅里叶变换并作归一化，即

$$\mathrm{MTF}(x',\,y') = \frac{|\,\mathcal{F}\{\mathrm{PSF}(x',\,y')\}\,|}{|\,\mathcal{F}\{\mathrm{PSF}(x',\,y')\}\,|_{f_x=0,\,f_y=0}}$$

实际上，大部分光学系统都是有像差的，所以研究 MTF 和 PSF 之间的关系非常重要。点扩散函数的傅里叶变换为光学传递函数(Optical Transfer Function，OTF)。OTF 是一个复函数，包含模值和相位，其中模值部分就是调制传递函数 MTF，相位部分称相位传递函数(Phase Transfer Function，PTF)。MTF 和 OTF 的区别主要在于相干系统和非相干系统，这在物理光学部分会作进一步的解释。

2. 光学系统 PSF 和 MTF 的计算

下面举例说明光学系统 PSF 和 MTF 的计算。

一个单透镜光学系统如图 3.48 所示，通过光线追迹获得其波前像差，光学系统像差参数如表 3.7 所示，其中，W_d 表示散焦，W_{040} 表示球差，W_{131} 表示彗差，W_{222} 表示像散，W_{220} 表示场曲，W_{311} 表示畸变。采用 Python 计算该光学系统的 PSF 和 MTF。

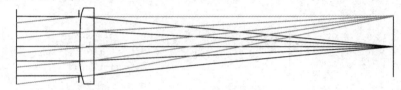

图 3.48　单透镜光学系统

表 3.7　光学系统像差参数(波长为 550 nm，* 代表弧矢场曲)

系 数	值
W_d	0
W_{040}	4.963λ
W_{131}	2.637λ
W_{222}	9.025λ
W_{220} *	7.536λ
W_{311}	0.157λ

计算光学系统的 PSF 和 MTF 时需用到以下公式：

$$W(\hat{u}_0; \hat{x}, \hat{y}) = W_d(\hat{x}^2 + \hat{y}^2) + W_{040}(\hat{x}^2 + \hat{y}^2)^2 + W_{131}\hat{u}_0(\hat{x}^2 + \hat{y}^2)\hat{x} + W_{222}\hat{u}_0^2\hat{x}^2 +$$
$$W_{220}\hat{u}_0^2(\hat{x}^2 + \hat{y}^2) + W_{311}\hat{u}_0^3\hat{x} \tag{3.23}$$

$$\mathcal{H}(f_X, f_Y) = P(\lambda z_2 f_X, \lambda z_2 f_Y)\exp\left[j2\pi W\frac{(\lambda z_2 f_X, \lambda z_2 f_Y)}{\lambda}\right] \tag{3.24}$$

$$\mathcal{H}(f_X, f_Y) = \mathcal{F}\{PSF(x', y')\} \tag{3.25}$$

$$\mathrm{MTF}(f)=\frac{2}{\pi}(\varphi-\cos\varphi\sin\varphi)\quad\varphi=\arccos\left(\frac{f}{f_0}\right) \tag{3.26}$$

$$\mathrm{MTF}(x',\,y')=\frac{|\,\mathcal{F}\{\mathrm{PSF}(x',\,y')\}\,|}{|\,\mathcal{F}\{\mathrm{PSF}(x',\,y')\}\,|_{f_x=0,\,f_y=0}} \tag{3.27}$$

　　具体思路是，通过这些参数构造得到波相差 W，见公式(3.23)，它是随着像面上点坐标$(x,\,y)$的变化而变化的。通过计算得到每一个像点处的像差，把式(3.23)代入光学传递函数的计算公式(3.24)中，便可以计算得到光学传递函数$\mathcal{H}(f_X,\,f_Y)$。由式(3.25)可知光学传递函数是点扩散函数 $\mathrm{PSF}(x',\,y')$ 的傅里叶变换。则无像差的 MTF 和有像差的 MTF 分别由式(3.26)和式(3.27)计算求得。

　　用 Python 代码实现如下：

```python
import numpy as np
import matplotlib. pyplot as plt


# 定义圆形函数，用来限制光瞳形状
def circ(r):
    return np. absolute(r) <=1
# 定义矩形函数，用来模拟物面
def rect(x):
    return np. absolute(x) <=1 / 2


# Function：计算前 5 赛德尔波前像差的波前
# Input：  u0, v0 归一化图像平面坐标
#          X, Y 归一化入瞳坐标阵列
#          wd 散焦  w040 球差  w131 彗差  w222 像散  w220 场曲  w311 畸变
# Output：w 波像差
def sedel_5(u0, v0, X, Y, wd, w040, w131, w222, w220, w311):
    beta=np. arctan2(v0, u0)                    # image rotation angle
    u0r=np. sqrt(u0 ** 2+v0 ** 2)               # image height

    x_hat=X * np. cos(beta)+Y * np. sin(beta)   # rotate grid
    y_hat=-X * np. sin(beta)+Y * np. cos(beta)

    rho2=np. absolute(x_hat) ** 2+np. absolute(y_hat) ** 2    # 径向长度
    # 赛德尔多项式
    w=wd * rho2+w040 * (rho2 ** 2)+w131 * u0r * rho2 * x_hat+ \
        w222 * (u0r ** 2) * (x_hat ** 2)\
```

```
        +w220 * (u0r ** 2) * rho2+w311 * (u0r ** 3) * x_hat
    return w
```

\# 定义物面

```
M=1024                              # 采样数设置为 1024
L=1e-03                             # 像面边长，设置为 L * L 正方形
du=L / M                           # 采样间隔
u=np. arange(-L / 2, (L/ 2), du)   # 像面各点坐标
v=u
```

\# 定义光学系统

```
wave=0.55e-6                       # 取波长为 0.55e-6
k=2 * np. pi / wave                # 波数为 k=2π/λ
Dxp=20e-3                          # 入瞳孔径大小为 20 * 10-3
wxp=Dxp / 2
zxp=100e-3                         # 入瞳距离(焦距 f)为 100 * 10-3
fnum=zxp / Dxp                     # 入瞳 F 数    F#=f/D
lz=wave * zxp
twof0=1 / (wave * fnum)            # 截止频率
u0=0
v0=0                               # 归一化图像坐标
```

\# 设置输入波像差系数

```
wd=0 * wave                        # 散焦
w040=4.963 * wave                  # 球差
w131=2.637 * wave                  # 彗差
w222=9.025 * wave                  # 像散
w220=7.536 * wave                  # 场曲
w311=0.157 * wave                  # 畸变
```

```
fu=np. arange(-1 / (2 * du), 1 / (2 * du), (1 / L))     # 图像频域坐标
Fu, Fv=np. meshgrid(fu, fu)    # 根据初始化信息中的采样间隔形成频率域的坐标
W=sedel_5(u0, v0, -lz * Fu / wxp, -lz * Fv / wxp, wd, w040, w131, w222, w220, w311) #波前
```

\#\#\# 1.传递函数相位

```
H=circ(np. sqrt(np. absolute(Fu) ** 2+np. absolute(Fv) ** 2) * (lz / wxp)) * np. exp(-1j
* k * W)   #相干传递函数
    H_a=np. angle(H)         # 提取 H 的相位部分得到相位传递函数，并绘制
```

```
H_a[H_a==np.pi]=0      # 清除误差
fig, ax=plt.subplots()
ax.imshow(H_a, extent=[u[0], u[-1], v[0], v[-1]], cmap=plt.cm.gray)
ax.set_title("coherent transfer function")
ax.set_xlabel("u(m)")
ax.set_ylabel("v(m)")
plt.show()

### 2.点扩散函数
h2=np.absolute(np.fft.ifftshift(np.fft.ifft2(np.fft.fftshift(H))))  # 点扩散函数
fig1, ax1=plt.subplots()
ax1.imshow(h2**(1/2), extent=[u[0], u[-1], v[0], v[-1]], cmap=plt.cm.gray)
ax1.set_title("point spread function")
ax1.set_xlabel("x(m)")
ax1.set_ylabel("v(m)")
plt.show()
# MTF with aberration
MTF=np.fft.fft2(np.fft.fftshift(h2))
MTF=np.absolute(MTF / MTF[1, 1])          # normalized to max 1
MTF=np.fft.ifftshift(MTF)                 # analytic MTF

# MTF without aberration
temp=fu / twof0
temp_nor=temp / (np.absolute(temp)).max()  # 归一化到-1~1 之间
fai=np.arccos(temp_nor)
MTF_an=(2 / np.pi) * (fai - np.cos(fai) * np.sin(fai))

fig4, ax4=plt.subplots()
ax4.plot(fu, MTF[int(M / 2)+1, :], ':', color='r', label='u 方向 MTF 曲线')
ax4.plot(fu, MTF[:, int(M / 2)+1], ':', color='g', label  ='v 方向 MTF 曲线')
ax4.plot(fu, MTF_an, '--', color='b', label='无像差 MTF 曲线')
ax4.set_title("MTF curve")
ax4.set_xlabel("f(cyc/m)")
ax4.set_xlim(0, 150000)
ax4.set_ylim(0, 1)
ax4.set_ylabel("Modulation")
plt.legend(loc='upper right')
plt.show()
```

　　输出相位图、点扩散函数、MTF 曲线如图 3.49 所示。MTF 在 u 方向和 v 方向的分布相同，在坐标轴中为一条曲线。

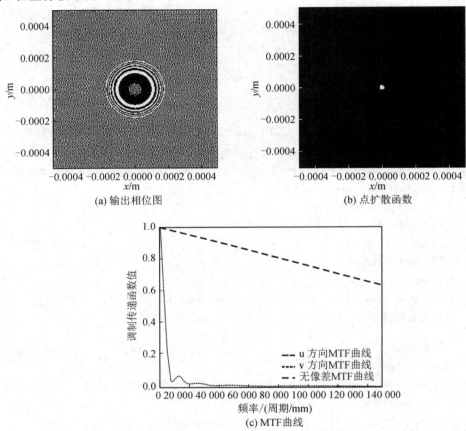

(a) 输出相位图　　　　　　　　　　　　(b) 点扩散函数

(c) MTF曲线

图 3.49　输出相位图、点扩散函数、MTF 曲线结果

3.4.2　最小二乘法

　　光线追迹完成后，需要有一个数值来定量化评价光学系统的好坏，为进一步优化提供指导，一般使用光学评价函数的方法。常见的评价函数有时域的 PSF 和空域的 MTF 等，光学评价函数的一般表达式如下：

$$\mathrm{MF} = \sum_i^N w_i (c_i - t_i)^2$$

其中，N 是 N 种约束，w_i 是权重，c_i 是对应项的当前值，t_i 是目标值。权重约束有绝对约束和边界约束。如果是绝对约束，则权重必须等于某个量，比如焦距，否则就要加一些惩罚。边界约束可以指定约束范围，相对宽松一点。

　　MTF 和 PSF 函数几乎包含了有效焦距、相对孔径（F♯）、光瞳位置、近轴角度、高度和材料属性等光学系统的所有物理参数。可对特定参数增加不同权重来约束对应的参数，从而实现优化的目的。但是 MTF 和 PSF 的计算速度相对较慢，在资源有限的情况下，本书中构建的 MF 采用了实际光线偏离理想位置的差值进行优化，并将焦距、相对孔径（F♯）等确定系统大小的基本参数都写到了评价函数中。使用最小二乘法来最小化 MF 可以缩小光学系统像差，使主光线尽量位于理想像面。本书中将各镜面的曲率半径 R 和镜面之间的距离（简称镜面距离）t 作为变量对光学系统进行优化，其中变量集为 $X(x_1, \cdots, x_N)$，每个像点距离理想像点位置的偏差记作 $F(F_1, \cdots, F_m)$，每个像差都是结构参数的函数，记作 $f_i(X)(i=1, \cdots, m)$。

　　结构变量集与目标像差联立可得到如下非线性方程组，即

$$\begin{cases} F_1 = f_1(x_1, \cdots, x_N) \\ \qquad\vdots \\ F_m = f_m(x_1, \cdots, x_N) \end{cases}$$

可使用最小二乘法来求解该方程组。

　　在优化光学系统之前，初始的结构参数需要设置，曲率半径 R 的初始值如表 3.4 所示，镜面距离 t 的初始值同表 3.4 中 t 的值。此外使用 SciPy 的 optimize 模块中的 least_squares() 函数对光学系统进行优化。SciPy 是一个开源的 Python 算法库和数学工具包，它基于 NumPy 的科学计算库，用于数学、科学、工程学等领域，其包含的模块可提供最优化、线性代数、积分、插值、特殊函数、快速傅里叶变换、信号处理和图像处理、常微分方程求解和其他科学与工程中常用的计算。optimize 模块提供了常用的最优化算法函数，调用这些函数可以完成优化问题。利用最小二乘法优化光学系统的步骤如下：

　　（1）优化曲率半径 R。首先实例化光学系统，设置光学系统的透镜信息、入瞳孔径、最大视场和光线波长等系统参数；接着使用光线追迹公式得到光线在像面上的坐标 (x, y)，计算系统不同视场角下 x、y 值与理想像面的残差值；然后将这个残差值与目标值 y 相减作为优化的目标函数，并使用最小二乘法优化目标函数；最后返回优化后的曲率半径的值。其中优化参数为曲率半径 R，镜面之间距离 t 为常量，y 设置为全 0 数组，优化参数的范围设置为 [35, 110]，代码实现如下：

```
#实例化光学系统
num_Lens = 3
OriginalLens = []
OriginalLens.append({'C': 0.0, 't': 100.0, 'm': 'vacuum'})
OriginalLens.append({'C': 1.0 / c[0], 't': t[0], 'm': 'SSK4A'})
OriginalLens.append({'C': 0.0, 't': t[1], 'm': ''})
OriginalLens.append({'C': -1.0 / c[1], 't': t[2], 'm': 'SF12'})
```

```
OriginalLens. append({'C': 1. 0 / c[2], 't': t[3], 'm': ' '})
OriginalLens. append({'C': 1. 0 / c[3], 't': t[4], 'm': 'SSK4A'})
OriginalLens. append({'C': -1. 0 / c[4], 't':t[5], 'm': ' ', 'n': 35})
OriginalLens. append({'C': 0, 't': 0, 'm': 'vacuum'})

#光学系统的基本参数
pupilRadius = 18. 5    #入瞳孔径

pupiltheta = 20    #最大视场角

pupilPosition = 4    #入瞳位置

#光线波长

wavelength = []    #存储波长列表
wavelength. append(0. 4861)
wavelength. append(0. 5876)
wavelength. append(0. 6563)
lensSys = opticalSystem. LensSys(OriginalLens, pupilRadius, pupiltheta, pupilPosition, wave-
length)  #对光学系统实例化
lensSys. calBfl()    #确定光学系统理想成像面的位置

#计算残差值

num_thetas = 4    #视场角的个数
#设置采样规则
num_phi = 16    # pi 内采样数
num_h = 21    #孔径直径采样数
thetasDiagram = np. linspace(0, pupiltheta, num_thetas)    #定义视场角
Lateral_apertureRays = pupilRadius    #光束孔径设置为 18.5
XY, AXY = lensSys. lateralAberration(thetasDiagram, Lateral_apertureRays, num_phi, num_h)
#光线追迹算法得到光线在像面上的坐标 XY 值
aber_sumthetas = []
  for nt in range(len(thetasDiagram)):
    aber_sumwave = []
    for nw in range(len(wavelength)):
      X = XY[nw]['X'][:,:,nt]. flatten()
```

```
    Y = XY[nw]['Y'][:,:,nt].flatten()
    aber_sumwave.append((math.fsum(abs(X)) + math.fsum(abs(Y))) / (2 * len(X)))
  aber_sumthetas.append(math.fsum(aber_sumwave) / 3)
return aber_sumthetas  #[0.047, 0.048, 0.056, 0.087]
#目标函数
def fun(t,c,y):
return model(t,c) - y
#最小二乘法优化镜面距离 t
y = np.array([0,0,0,0]) #目标值
t0 = np.array([8.74,11.05,2.78,7.63,9.54]) #镜面距离 t 初始值
c = np.array([40.78, 55.86, 39.56, 105.81, 43.67]) #优化后的曲率半径为常量
res_t = least_squares(fun, t0, bounds=(2,12),args=(c,y),verbose=1)优化后的镜面距离
print('优化后镜面距离 t 值:', res_t. x)
```

由上述代码可以得到优化后的曲率半径，曲率半径优化前与优化后的对比如表 3.8
所示。

表 3.8　曲率半径优化前与优化后的对比

曲率半径优化前	39.94	56.65	38.75	105.56	43.33
曲率半径优化后	42.81	54.02	40.78	106.56	42.24

(2) 优化镜面距离 t。优化镜面距离的步骤和代码同优化曲率半径的，只需将优化参数
修改为镜面距离 t，曲率半径 R 为常量，优化参数的范围为[2,12]，即可得到优化后的镜
面距离 t。镜面距离优化前与优化后的对比如表 3.9 所示。

表 3.9　镜面距离优化前与优化后对比

镜面距离优化前	8.74	11.05	2.78	7.63	9.54
镜面距离优化后	9.37	11.66	4.28	8.04	7.24

(3) 评价优化后光学系统的成像性能，将优化后的曲率半径 R 和镜面距离 t 更新到系统
的参数中，计算优化前后光学系统每个视场角(0°、6.67°、13.34°、20°)下成像位置与理想位置
插值的均方根(Root Mean Square, RMS)值，然后绘制光学系统优化前后 RMS 值对比直方图，
根据直方图评价优化后光学系统的成像性能。计算不同视场角下 RMS 值的代码如下：

```
def compute_RMS(XY, thetasDiagram, wavelength):
  RMS = []  #不同视场角下的 RMS 值
  for nt in range(len(thetasDiagram)):
    sumwave_RMS = []
    for nw in range(len(wavelength)):
```

```
X = XY[nw]['X'][:,:,nt]. flatten()
Y = XY[nw]['Y'][:,:,nt]. flatten()
sumwave_RMS. append((math. fsum(abs(X)) + math. fsum(abs(Y))) / (2 * len(X)))
RMS. append(math. fsum(sumwave_RMS) / 3)
return RMS
```

经计算可以得到优化后的 RMS 值,优化前后 RMS 值的对比如表 3.10 所示。

表 3.10　优化前后 RMS 值对比

视场角	0°	6.67°	13.34°	20°
优化前 RMS	0.0615	0.0629	0.0684	0.1049
优化后 RMS	0.0312	0.0318	0.0434	0.0678

绘制光学系统优化前后 RMS 值对比直方图,代码示例如下:

```
plt. bar([0, 6.67, 13.34, 20], [0.0615, 0.0629, 0.0684, 0.1049], label='优化前')
plt. bar([1, 7.67, 14.34, 21],[0.0312, 0.0318, 0.0434, 0.0678], label='优化后')
plt. legend()
plt. xlabel('角度/度')
plt. ylabel('RMS 值/mm ')
plt. savefig('光学系统优化前后 RMS 值对比直方图. png')
plt. show()
```

结果如图 3.50 所示。

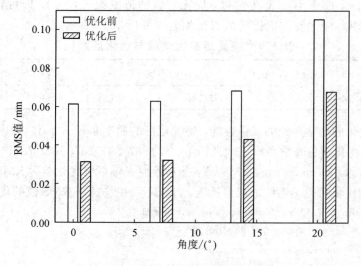

图 3.50　光学系统优化前后 RMS 值对比直方图

　　由图 3.50 可以看出，优化后的 RMS 值整体明显小于优化前的 RMS 值，全部视场角下的 RMS 值降低了 41%。由于 RMS 值是评价光学系统成像性能的一个重要指标，其值越小，表明光学系统的成像性能越好，因此优化后的光学系统成像性能有了一定程度的提升。

3.4.3　全局优化方法

　　最小二乘法的特点是不直接求解像差非线性方程组，而通过求差商来求解。也就是通过改变系统参数的初始值，并得到对整个系统评价指标的改变值与参数变化值之间的导数，从而得出两者之间的量化关系。但是这种方法非常依赖系统参数的初始值，因而求出的解往往局限于初始值附近，也就是局部最小值。局部最小值和全局最小值如图 3.51 所示。

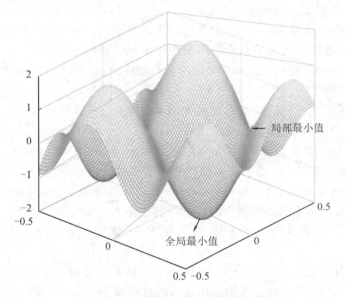

图 3.51　局部最小值和全局最小值

　　全局优化允许程序跳出当前的最小值，从而去寻找更多的可能。利用全局优化时，也许在当前情况下会导致损失函数变大，但是从全局角度来看，有可能找到更多的最小值。几种常见的全局优化方法如下：

　　(1) 模拟退火(Simulated Annealing)法。模拟退火算法来源于固体退火原理，是一种基于概率的算法。算法思想是，先从一个较高的初始温度出发，逐渐降低温度，直到温度降低到满足热平衡条件为止。在每个温度下进行 n 轮搜索，每轮搜索时对旧解添加随机扰动以生成新解，并按一定规则接受新解。

　　(2) 逃逸函数(Escape Function)法。逃逸函数法是指给定一个逃逸函数，填平当前的谷底，从而去搜索其他局部最小值。

（3）神经网络(Neural Network)法。神经网络法是指构造能量函数，使其最小值对应问题的输出，通过计算每次神经节点的权重来判断传递与否，最终获得优化解。

习　题

1. 采用 NYU 近轴追迹法计算一个平凸透镜的焦距和后截距(焦面距离凸面顶点的距离)。凸面的曲率半径为 100 mm，厚度为 20 mm，玻璃材料为成都光明的 H-K9L，可以用单色光 550 nm 波长计算。如果在平凸透镜后 5 mm 处再放置一个一模一样的透镜，那么光学系统的焦距和后截距有无变化？分别是多少？

2. 在习题 1 中的双透镜系统中，如果光线是从有限共轭过来的，物体距离平凸透镜的距离为 200 mm，物体高度为 10 mm，那么经过平凸透镜后，物体高度和后截距分别是多少？采用 NYU 近轴追迹法获得光学系统的焦距和焦平面位置。

3. 在习题 1 中的双透镜系统中，如果用实际光线追迹，那么光学系统的焦平面位置有无变化？变化是多少？

4. 用 Python 画出习题 1 中的双透镜无限共轭镜头。在视场角为 0°、5°和 10°的情况下分别画出点列图、径向像差曲线和畸变曲线。

5. 在习题 4 中，如果单色光 550 nm 改成 RGB 三种波长(486 nm、587 nm 和 656 nm)的光，画出其对应的点列图、径向像差曲线和畸变曲线。

6. 阅读第 3 章参考文献 2，并记录 Seidel 像差系数是如何通过几条特殊光线计算的。计算习题 1 中的双透镜无限共轭镜头的 Seidel 像差系数 W_{040}、W_{131}、W_{222}、W_{220}、W_{311}。根据计算的像差系数画出该镜头的 PSF 曲线和 MTF 曲线，并比较 PSF 曲线与点列图的异同。

7. 在习题 1 中，我们手动设计了一个镜头，该镜头的像差较大。利用最小二乘法对四个光学面的曲率半径进行优化，并给出优化后的点列图、径向像差曲线和畸变曲线。

8. 在对习题 7 中的双透镜无限共轭镜头经过曲率半径优化后，是否可以对空气间隔和镜头的厚度进行优化？如果可以，给出优化后的点列图、径向像差曲线和畸变曲线。

参 考 文 献

[1]　GROSS H，Zügge H. Aberration theory and correction of optical systems [J].
　　　WILEY-VCH，2007，1(3)：1.

[2]　SMITH W J. Modern optical engineering[M]. 4 th ed. New York：McGraw-Hill
　　　Press，2007.

[3]　DERENIAK E L，DERENIAK T D. Geometrical and trigonometric optics [M].

London：Cambridge University Press，2008.

[4]　郁道银，谈恒英. 工程光学[M]. 4 版. 北京：机械工业出版社，2016.

[5]　李林，林家明，王平，等. 工程光学[M]. 北京：北京理工大学出版社，2003.

[6]　SMITH W J. Modern lens design [M]. 2nd ed. New York：McGraw-Hill Press，2004.

[7]　JGREIVENKAMP J E. Field guide to geometrical optics [M]. Washington：SPIE Press，2004.

[8]　BENTLEY J，OLSON C. Field guide to lens design [M]. Washington：SPIE Press，2012.

[9]　GEARY J M. Introduction to lens design [M]. New York：Willmann-Bell，2002.

[10]　安连生，李林. 计算机辅助光学设计的理论与应用[M]. 北京：国防工业出版社，2002.

第 4 章　物理光学基础

4.1　光的基本电磁理论

4.1.1　麦克斯韦（Maxwell）方程组

按照光的波动理论，光是一种电磁波。根据频率不同，电磁波可分为无线电波、微波、红外光、可见光、紫外光、X 射线、γ 射线等。光学系统中的光波通常是指人眼能够感知的可见光波段以及临近的紫外和红外波段的电磁波。人们通过设计和制造相应的探测元器件可以对不同波段的光波进行直接或间接的测量。描述光波物理规律的最基本理论是麦克斯韦所创立的电磁场基本方程，也称为麦克斯韦方程组（Maxwell's Equations）。常用的微分形式的麦克斯韦方程组表示如下：

$$\nabla \times \boldsymbol{E} = -\frac{\partial \boldsymbol{B}}{\partial t} \tag{4.1a}$$

$$\nabla \times \boldsymbol{H} = \boldsymbol{J} + \frac{\partial \boldsymbol{D}}{\partial t} \tag{4.1b}$$

$$\nabla \cdot \boldsymbol{D} = \rho \tag{4.1c}$$

$$\nabla \cdot \boldsymbol{B} = 0 \tag{4.1d}$$

其中，矢量 $\boldsymbol{E}$ 表示电场强度，$\boldsymbol{B}$ 表示磁感应强度，$\boldsymbol{H}$ 表示磁场强度，$\boldsymbol{D}$ 表示电位移矢量，$\boldsymbol{J}$ 表示电流密度矢量，ρ 表示电荷密度，∇ 是哈密尔顿算符，在笛卡尔坐标系中定义为

$$\nabla = \frac{\partial}{\partial x}\boldsymbol{i} + \frac{\partial}{\partial y}\boldsymbol{j} + \frac{\partial}{\partial z}\boldsymbol{k}$$

在麦克斯韦方程组中，式（4.1a）是法拉第（Faraday）电磁感应定律，表示时变磁场产生电场；式（4.1b）是安培（Ampere）定律，表示电流和时变电场产生磁场；式（4.1c）是高斯（Gauss）定律，表示电荷产生电场；式（4.1d）是高斯磁定律，表示磁单极子不存在。麦克斯韦方程组也可用积分形式表达，在此不再赘述，感兴趣的读者可参考相关文献。

当光波与物质发生作用时，物质的特性会对电磁波产生作用，这种变化规律由物质方程表示，即

$$D = \varepsilon E = \varepsilon_0 \varepsilon_r E \tag{4.2a}$$

$$B = \mu H = \mu_0 \mu_r H \tag{4.2b}$$

式中，ε 称为介电常数，$\varepsilon_0 = 8.854 \times 10^{-12}$ F/m 是真空中的介电常数，ε_r 是物质的相对介电常数，μ 称为磁导率，$\mu_0 = 1.257 \times 10^{-6}$ H/m 是真空中的磁导率，μ_r 是物质的相对磁导率。在线性、均匀、各向同性的介质中，介电常数和磁导率均为常数，而在各向异性的介质中，ε 与晶格的方向有关，称为介电系数，用张量表示，其会使 D 与 E 的方向不再相同。

电磁场的能量可用坡印廷（Poynting）矢量表示，其定义为

$$S = E \times H$$

它的方向由右手螺旋法则确定。坡印廷矢量表示光能量的传播方向和大小，是能流密度的瞬时值，其时间平均即为通常所说的平均光强。

光在均匀、透明、各向同性的介质中传播时，其规律可由波动方程表示，即

$$\nabla^2 E - \varepsilon \mu \frac{\partial^2 E}{\partial t^2} = 0 \tag{4.3a}$$

$$\nabla^2 H - \varepsilon \mu \frac{\partial^2 H}{\partial t^2} = 0 \tag{4.3b}$$

其中电场和磁场都以波的形式传播，传播速度为

$$v = \frac{1}{\sqrt{\varepsilon \mu}}$$

在真空中，光速为常数 $c = 1/\sqrt{\varepsilon_0 \mu_0} = (299\,792.458 \pm 0.001)$ km/s，介质的折射率则定义为光在真空中的速度与在介质中的速度之比，即

$$n = \frac{c}{v} = \sqrt{\varepsilon_r \mu_r}$$

光波的传输可由麦克斯韦方程组完全表示，基于麦克斯韦方程组的数值运算方法可实现对光波的全波仿真，为描述光波与物质作用提供了有效的工具。目前，全波仿真的商业软件（如 Lumierical、Comsol、CST）以及开源代码库（如 Meep）等工具都已日臻成熟和完善，因此本章将重点介绍在近似条件下的麦克斯韦方程组的简化解法及其 Python 实现，对全波仿真感兴趣的读者可参见相应的软件或代码库。

4.1.2　光波的复振幅表示

光波是一种横波，光波的传输如图 4.1 所示，电场矢量、磁场矢量以及传播方向两两垂直。在笛卡尔坐标系下，可将电场矢量和磁场矢量分解为 x、y、z 三个分量，这三个两两正交的电场和磁场分量分别满足波动方程。

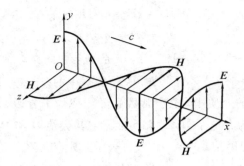

图 4.1　光波的传输

一种简化的光波表示方法是采用标量波的形式，即用标量 U 代替波动方程中的电场强度或磁场强度分量，可以得到标量波动方程为

$$\nabla^2 U - \frac{1}{v^2}\frac{\partial^2}{\partial t^2}U = 0$$

其通解可用复数形式的复振幅表示，即

$$U(\mathbf{r}, t) = U(\mathbf{r})\mathrm{e}^{-\mathrm{j}\omega t}$$

式中 $\mathbf{r}$ 表示空间任意一点的位置矢量。将上述复振幅简谐波代入波动方程可得到亥姆霍兹（Helmholtz）方程，即

$$\nabla^2 U(\mathbf{r}) + k^2 U(\mathbf{r}) = 0$$

式中，k 是波矢量 $\mathbf{k}$ 的大小，$k = 2\pi/\lambda$。确定光波长的复振幅即可完全描述该处的场分布。

任意光波的复振幅可由振幅 $A(\mathbf{r})$ 和相位 $\varphi(\mathbf{r})$ 表示，即

$$U(\mathbf{r}) = A(\mathbf{r})\mathrm{e}^{\mathrm{j}\varphi(\mathbf{r})}$$

当振幅为常数时，光波称为均匀波；当振幅为非常数时，光波称为非均匀波。相位函数为常数的表面称为等相位面或波前。

两种常见的光波分别是平面波和球面波，其复振幅分别表示为

$$U(\mathbf{r}) = A\mathrm{e}^{\mathrm{j}\mathbf{k}\cdot\mathbf{r}}$$

$$U(\mathbf{r}) = \frac{A}{r}\mathrm{e}^{\mathrm{j}\mathbf{k}\cdot\mathbf{r}}$$

式中 A 是常数。在任意空间点（用位置矢量 $\mathbf{r}$ 表示）处的光强可通过该处的复振幅计算得出，即

$$I(\mathbf{r}) = |U(\mathbf{r})|^2 = U(\mathbf{r})U(\mathbf{r})$$

在 Python 中，我们可以利用 NumPy 库定义平面波和球面波的复振幅，并利用 Matplotlib 库进行可视化。具体步骤如下：

（1）定义一个波长为 $0.5\ \mu\mathrm{m}$、传播方向与 x 轴成 $20°$ 的平面波，其振幅为归一化的单

位值，相位为波矢量与方向矢量的内积。计算任意位置点的光强和相位分布，并绘制空间各处的光强和波前分布，代码实现如下：

```
import numpy as np
import matplotlib. pyplot as plt


wavelength＝0.5e－6              # unit：m
k＝2 * np. pi / wavelength       # wave number
# propagation direction
theta＝20
xdir＝np. cos(theta * np. pi/180)
ydir＝np. sin(theta * np. pi/180)
kx, ky, kz＝k * xdir, k * ydir, 0.0
# mesh
x＝np. linspace(－2 * wavelength, 2 * wavelength, 200)
y＝np. linspace(－2 * wavelength, 2 * wavelength, 200)
X, Y＝np. meshgrid(x, y)


# plane wave
A＝1.0
P＝np. exp(1j * (kx * X＋ky * Y))
U＝A * P


intensity＝np. abs(U) * * 2
phase＝np. angle(U)


# plot
fig, ax＝plt. subplots(1, 2)
mag＝ax[0]. imshow(intensity, cmap＝plt. cm. gray, origin＝'lower')
ax[0]. set_title('intensity')
ax[0]. axis('off')
fig. colorbar(mag, ax＝ax[0])
ang＝ax[1]. imshow(phase, cmap＝plt. cm. bwr, origin＝'lower')
ax[1]. set_title('phase')
ax[1]. axis('off')
fig. colorbar(ang, ax＝ax[1])
plt. show()
```

平面波的光强和波前分布如图 4.2 所示，由图可知，平面波的光强在空间每一处均相同，其波前反应了光波传播的方向。

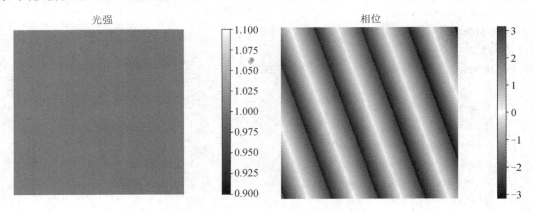

图 4.2　平面波的光强和波前分布

（2）定义一个球心位于 (x_c, y_c) 处的球面波，并绘制其强度和波前部分，代码实现如下：

```
import numpy as np
import matplotlib. pyplot as plt


wavelength=0.5e−6                    # unit：m
k=2 * np. pi / wavelength             # wave number
# mesh
x=np. linspace(−2 * wavelength, 2 * wavelength, 200)
y=np. linspace(−2 * wavelength, 2 * wavelength, 200)
xc, yc=0.3 * wavelength, −0.8 * wavelength  # source location
X, Y=np. meshgrid(x, y)
R=np. sqrt((X − xc) * * 2+(Y − yc) * * 2)


# spherical wave
A=1.0 / R
P=np. exp(1j * k * R)
U=A * P


intensity=np. abs(U) * * 2
phase=np. angle(U)
```

```
# plot
fig, ax＝plt. subplots(1, 2)
mag＝ax[0]. imshow(np. log(intensity)，cmap＝plt. cm. gray, origin＝'lower')
ax[0]. set_title('intensity')
ax[0]. axis('off')
fig. colorbar(mag, ax＝ax[0])
ang＝ax[1]. imshow(phase, cmap＝plt. cm. bwr, origin＝'lower')
ax[1]. set_title('phase')
ax[1]. axis('off')
fig. colorbar(ang, ax＝ax[1])
plt. show()
```

球面波的光强和波前分布如图 4.3 所示，由图可知，球面波的光强随空间位置的变化而衰减，且符合平方反比规律，而其相位函数则反映了波前变化规律。

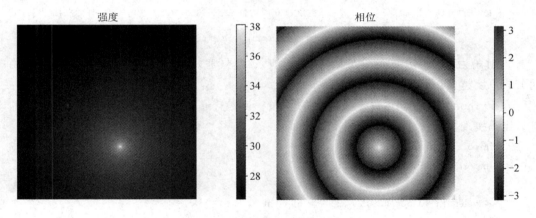

图 4.3　球面波的光强和波前分布

4.2　光 的 干 涉

在光的传播过程中，经常会遇到不同光波之间的叠加问题。当满足光的干涉条件时，空间中多个光波以复振幅形式叠加，形成一定的强度分布，即光的干涉。对于空间中的两个平面光波，其复振幅分别为

$$U_1 = A_1 e^{jk_1 \cdot r}, \quad U_2 = A_2 e^{jk_2 \cdot r}$$

则其合成光的复振幅为 $U = U_1 + U_2$，合成光强可表示为

$$I = |U|^2 = I_1 + I_2 + 2\sqrt{I_1 I_2}\cos\delta, \quad \delta = k_2 \cdot r - k_1 \cdot r$$

若等振幅的两束平面波分别以相反的角度 θ 和 $-\theta$ 入射，如图 4.4(a)所示，则在观察平面上，光强应为

$$I = 2A^2\cos(ky\sin\theta)^2$$

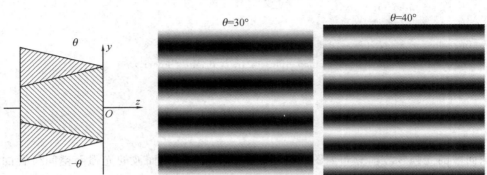

(a) 平面光波的叠加原理图　　(b) 入射角为30°时的叠加结果图　　(c) 入射角为40°时的叠加结果图

图 4.4　平面光波的叠加原理图和结果图

入射角为 30°和 40°时的叠加结果图（干涉条纹）分别如图 4.4(b)和图 4.4(c)所示，由图可知，角度越大，干涉条纹越密。

在 Python 中，我们可以定义相关的复振幅函数，通过复振幅的叠加实现上述光的干涉，代码实现如下：

```
import numpy as np
import matplotlib. pyplot as plt


wavelength＝0.5e－6              # unit：m
k＝2 * np. pi / wavelength         # wave number
# propagation direction
theta1＝40
theta2＝－theta1
kx1，ky1，kz1＝0.0，k * np. sin(theta1 * np. pi/180)，k * np. cos(theta1 * np. pi/180)
kx2，ky2，kz2＝0.0，k * np. sin(theta2 * np. pi/180)，k * np. cos(theta2 * np. pi/180)
# mesh
x＝np. linspace(－2 * wavelength，2 * wavelength，200)
y＝np. linspace(－2 * wavelength，2 * wavelength，200)
X，Y＝np. meshgrid(x，y)
Z＝0.0
# plane waves
```

```
A1＝1.0
P1＝np. exp(1j * (kx1 * X＋ky1 * Y＋kz1 * Z))
U1＝A1 * P1
A2＝1.0
P2＝np. exp(1j * (kx2 * X＋ky2 * Y＋kz2 * Z))
U2＝A2 * P2
# superposition
U＝U1＋U2
intensity＝np. abs(U) * * 2
# analytical solution
I＝2 * A1 * * 2 * np. cos(k * Y * np. sin(theta1 * np. pi/180)) * * 2

fig, ax＝plt. subplots(1, 2)
mag＝ax[0]. imshow(intensity, cmap＝plt. cm. gray, origin＝'lower')
ax[0]. set_title(r' $ \theta＝{} ^\circ $ superposition'. format(theta1))
ax[0]. axis('off')
ang＝ax[1]. imshow(I, cmap＝plt. cm. gray, origin＝'lower')
ax[1]. set_title(r' $ \theta＝{} ^\circ $ analytical solution'. format(theta1))
ax[1]. axis('off')
plt. show()
```

两束平面光波干涉的强度分布结果如图 4.5 所示，与解析解完全一致。

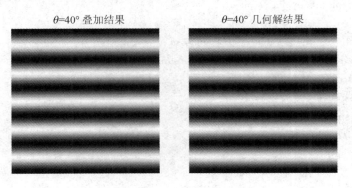

图 4.5　两束平面光波干涉的强度分布

经典的杨氏（Young）双缝干涉实验验证了光的干涉现象的存在，我们可以采用 Python 重现杨氏双缝干涉实验，并分析在不同条件下干涉条纹的形状和分布。

杨氏双缝干涉实验示意图如图 4.6 所示。在屏 A 上开两个小孔，孔间距为 d，观察屏 P 与屏 A 的距离为 z，一束平面光波经过屏 A 后形成两束球面光波，其复振幅分别表示为

$$U_1 = \frac{A}{r_1} e^{jk \cdot r_1}, \quad U_2 = \frac{A}{r_2} e^{jk \cdot r_2}$$

其中

$$r_1 = \sqrt{\left(x - \frac{d}{2}\right)^2 + y^2 + z^2}, \quad r_2 = \sqrt{\left(x + \frac{d}{2}\right)^2 + y^2 + z^2}$$

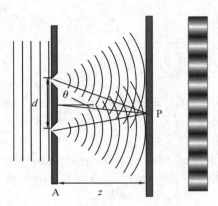

图 4.6 杨氏双缝干涉实验示意图

当照明光源的波长为 $0.5\ \mu m$，双缝间距为 $0.1\ mm$，屏幕距离双缝 $1\ m$ 时，干涉条纹可由如下代码仿真得到，即

```python
import numpy as np
import matplotlib.pyplot as plt


wavelength=0.5e-6              # unit: m
k=2 * np.pi / wavelength       # wave number
# screen center
x=np.linspace(-0.1, 0.1, 1000)
y=np.linspace(-0.1, 0.1, 1000)
X, Y=np.meshgrid(x, y)
# double slits
d=1e-4
z=1.0
xc1, yc1=d/2, 0.0 # slit 1
xc2, yc2=-d/2, 0.0 # slit 2
r1=np.sqrt((X - xc1) * * 2+(Y - yc1) * * 2+z * * 2)
r2=np.sqrt((X - xc2) * * 2+(Y - yc1) * * 2+z * * 2)
```

```
# spherical waves
A＝1.0
U1＝A / r1 * np. exp(1j * k * r1)
U2＝A / r2 * np. exp(1j * k * r2)
U＝U1＋U2

intensity＝np. abs(U) * * 2
intensity＝intensity / np. max(intensity)

# plot
plt. imshow(intensity, cmap＝plt. cm. gray, origin＝'lower',
        extent＝[np. min(x), np. max(x), np. min(y), np. max(y)])
plt. title('Interference pattern')
plt. axis('off')

plt. show()
```

观察屏中心位置和边缘位置的干涉条纹图样如图 4.7 所示。

图 4.7　观察屏中心位置和边缘位置的干涉条纹图样

4.3　光 的 偏 振

　　光的标量波表示方法只考虑光波的大小，没有考虑场量的振动方向。在很多光学问题中，光波的振动方向极为重要，因此不仅要考虑场强复振幅的大小，而且还要考虑其偏振方向。

对于沿 z 轴正方向传播的光波，其电场矢量只有 x 和 y 两个分量，分别表示为

$$E_x = E_{0x} \cos(\tau + \delta_x)$$
$$E_y = E_{0y} \cos(\tau + \delta_y)$$

其中，E_{0x} 和 E_{0y} 分别表示 x 和 y 方向的振幅，$\delta = \delta_y - \delta_x$ 表示两个分量之间的相位差。根据电场分量（E_x，E_y）确定的矢量端点随时间变化的轨迹，可将光的偏振分为线偏振、圆偏振以及椭圆偏振。

我们可以利用 Jupyter Notebook 的交互编程功能观察光波偏振状态的变化规律。对于振幅分量相等、相位差变化时的电场矢量，可定义函数绘制矢量端点的几何形状，代码实现如下：

```
%matplotlib inline
from ipywidgets import interactive
import numpy as np
import matplotlib.pyplot as plt

def plot_polarization(delta):
    """plot polarization states.
    """
    E0x=1.0
    E0y=1.0
    tau=np.arange(0, 2 * np.pi, np.pi/100)
    Ex=E0x * np.cos(tau)
    Ey=E0y * np.cos(tau+delta)
    fig, ax=plt.subplots()
    ax.set_aspect('equal')
    ax.plot(Ex, Ey)
    plt.axis('off')
    plt.show()

pol_plot=interactive(plot_polarization,
                delta=(0, 2 * np.pi, np.pi/100))
pol_plot
```

通过调整相位差的值可以得到不同偏振光的状态，如图 4.8 所示。例如，当相位差为 π 的整数倍时，电场矢量轨迹退化为一条直线，即线偏振；当相位差为 π/2 的整数倍时，电场矢量轨迹退化为一个圆，即圆偏振，根据旋转方向不同，圆偏振又可分为右旋圆偏振（顺时

针)和左旋圆偏振(逆时针);而一般情况下,电场矢量的轨迹是一个椭圆。

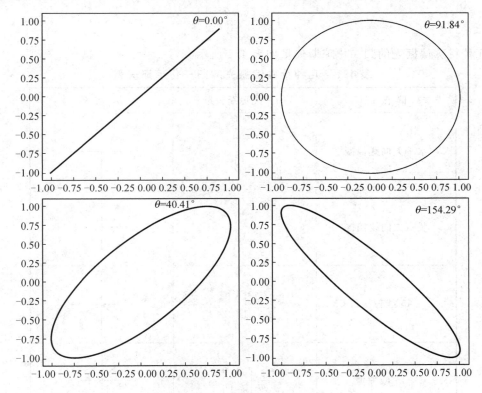

图 4.8　不同偏振光示意图

4.3.1　琼斯(Jones)矢量和琼斯矩阵

　　1941 年,美国物理学家琼斯提出了一种矢量方法来简化表示光的偏振状态,同时,采用一种矩阵方法表示光学元件对光的偏振态的改变。由于这种简洁的表示方法能够利用矩阵运算来表示多个偏振元件,因此该方法适用于复杂光路的运算。

　　琼斯矢量的定义是将偏振光的复振幅在直角坐标系下的分量以列向量的形式表示,即

$$\boldsymbol{J} = \begin{bmatrix} J_x \\ J_y \end{bmatrix} = \begin{bmatrix} E_{0x}\,\mathrm{e}^{\mathrm{j}(kz-\delta_x)} \\ E_{0y}\,\mathrm{e}^{\mathrm{j}(kz-\delta_y)} \end{bmatrix}$$

通常对琼斯矢量进行强度归一化处理,并定义

$$\cos\theta = \frac{E_{0x}}{\sqrt{E_{0x}^2 + E_{0y}^2}}, \quad \sin\theta = \frac{E_{0y}}{\sqrt{E_{0x}^2 + E_{0y}^2}}$$

因此,归一化的琼斯矢量可表示为

$$J = \begin{bmatrix} \cos\theta \\ e^{j\delta}\sin\theta \end{bmatrix}$$

几种特殊偏振光的归一化琼斯矢量如表 4.1 所示。

表 4.1 几种特殊偏振光的归一化琼斯矢量

偏 振 态	归一化琼斯矢量	示 意 图
水平方向线偏振	$\begin{bmatrix} 1 \\ 0 \end{bmatrix}$	
竖直方向线偏振	$\begin{bmatrix} 0 \\ 1 \end{bmatrix}$	
45°线偏振	$\dfrac{1}{\sqrt{2}}\begin{bmatrix} 1 \\ 1 \end{bmatrix}$	
−45°线偏振	$\dfrac{1}{\sqrt{2}}\begin{bmatrix} 1 \\ -1 \end{bmatrix}$	
右旋圆偏振	$\dfrac{1}{\sqrt{2}}\begin{bmatrix} 1 \\ j \end{bmatrix}$	
左旋圆偏振	$\dfrac{1}{\sqrt{2}}\begin{bmatrix} 1 \\ -j \end{bmatrix}$	

琼斯矢量可直接用于光波的叠加运算。例如，当一个水平方向的线偏振光与一个竖直方向的线偏振光叠加后，形成的光波场为

$$\begin{bmatrix} 1 \\ 0 \end{bmatrix} + \begin{bmatrix} 0 \\ 1 \end{bmatrix} = \begin{bmatrix} 1 \\ 1 \end{bmatrix} \xrightarrow{\text{归一化}} \frac{1}{\sqrt{2}}\begin{bmatrix} 1 \\ 1 \end{bmatrix}$$

即复合光波形成了 45°的线偏振光。同理,当右旋圆偏振光和左旋圆偏振光叠加后,形成的光波场为

$$\frac{1}{\sqrt{2}}\begin{bmatrix} 1 \\ j \end{bmatrix} + \frac{1}{\sqrt{2}}\begin{bmatrix} 1 \\ -j \end{bmatrix} = \frac{2}{\sqrt{2}}\begin{bmatrix} 1 \\ 0 \end{bmatrix} \xrightarrow{\text{归一化}} \begin{bmatrix} 1 \\ 0 \end{bmatrix}$$

即复合光波形成了水平方向的线偏振光。因此,利用琼斯矢量的线性运算,可以很方便地计算多个光波叠加后的偏振态。

另外,任一琼斯矢量也可以分解为两个互相正交的基矢量的线性组合。若以线偏振为基矢量,即

$$\hat{\boldsymbol{X}} = \begin{bmatrix} 1 \\ 0 \end{bmatrix}, \ \hat{\boldsymbol{Y}} = \begin{bmatrix} 0 \\ 1 \end{bmatrix}$$

也可以圆偏振为基矢量,即

$$\hat{\boldsymbol{L}} = \frac{1}{\sqrt{2}}\begin{bmatrix} 1 \\ -j \end{bmatrix}, \ \hat{\boldsymbol{R}} = \frac{1}{\sqrt{2}}\begin{bmatrix} 1 \\ j \end{bmatrix}$$

则任意偏振光可分解为

$$\boldsymbol{E}_p = e_x\hat{\boldsymbol{X}} + e_y\hat{\boldsymbol{Y}} = e_L\hat{\boldsymbol{L}} + e_R\hat{\boldsymbol{R}}$$

式中,p 表示任意偏振态,e_x 和 e_y 分别是笛卡尔坐标系下的正交线偏振方向,e_L 和 e_R 分别是左旋和右旋圆偏振方向。

线性偏振光学元件用于改变光波的偏振态,这种转换关系可以用一个 2×2 的矩阵(琼斯矩阵)来表示,即

$$\begin{bmatrix} E'_x \\ E'_y \end{bmatrix} = \begin{bmatrix} J_{11} & J_{12} \\ J_{21} & J_{22} \end{bmatrix}\begin{bmatrix} E_x \\ E_y \end{bmatrix}$$

几种常见偏振元件的琼斯矩阵如表 4.2 所示。

表 4.2 几种常见偏振元件的琼斯矩阵

水平线偏振片	竖直线偏振片	1/4 波带片(快轴竖直方向)	半波带片(快轴水平或竖直方向)
$\begin{bmatrix} 1 & 0 \\ 0 & 0 \end{bmatrix}$	$\begin{bmatrix} 0 & 0 \\ 0 & 1 \end{bmatrix}$	$\begin{bmatrix} 1 & 0 \\ 0 & j \end{bmatrix}$	$\begin{bmatrix} 1 & 0 \\ 0 & -1 \end{bmatrix}$

由于矩阵运算可以用 NumPy 库实现,因此无论光学系统中包含多少种线性偏振元件,光的偏振态转换过程都很容易实现。例如,当左旋圆偏振光入射到与快轴方向竖直的 1/4 波带片时,计算出射光的偏振状态的代码如下:

```
import numpy as np

def Jones(J, v):
```

```
"""returns new Jones vector by applying the Jones matrix to the input Jones
vector v.
"""
v2＝np. dot(J，v)
return v2 / np. sqrt(np. dot(v2. T，v2))


# Example：  input light is left－handed circularly polarized light
#            what is the output light after passing through a quarter－wave plate


v1＝np. array([[1]，[－1j]])/np. sqrt(2)
Jqwp＝np. array([[1，0]，[0，－1j]])/np. sqrt(2)
v2＝Jones(Jqwp，v1)


print(v2)
```

程序输出结果为

$$[[\ 0.70710678+0.j]$$
$$[-0.70710678+0.j]]$$

由上述分析可知，出射光变为$-45°$的线偏振光。

4.3.2　斯托克斯（Stokes）矢量和穆勒（Mueller）矩阵

虽然琼斯矩阵能够表示光的偏振态和偏振元件对偏振态的改变，但它只能表示完全偏振光，而无法表示非偏振光或部分偏振光。斯托克斯（Stokes）引入了一种四元向量的表示方法，不仅克服了琼斯矩阵的局限性，并且这些元素对应了可观测的光强信息，便于实际测量。斯托克斯矢量的定义为

$$\boldsymbol{S}=\begin{bmatrix}S_0\\S_1\\S_2\\S_3\end{bmatrix}=\begin{bmatrix}E_{0x}^2+E_{0y}^2\\E_{0x}^2-E_{0y}^2\\2E_{0x}E_{0y}\cos\delta\\2E_{0x}E_{0y}\sin\delta\end{bmatrix}=\begin{bmatrix}I_0+I_{90}\\I_0-I_{90}\\I_{45}-I_{135}\\I_R-I_L\end{bmatrix}$$

式中，I_0、I_{45}、I_{90}、I_{135} 以及 I_R 和 I_L 分别表示偏振角为 $0°$、$45°$、$90°$、$135°$ 的线偏振光强度以及右旋圆偏振光和左旋圆偏振光的光强。斯托克斯矢量的第一个元素 S_0 表示总光强，而其余元素则表示其中偏振光的强度。因此，可以定义偏振度为偏振光的强度与总光强的比值，即

$$\mathcal{P}=\frac{I_{pol}}{I_{tot}}=\frac{\sqrt{S_1^2+S_2^2+S_3^2}}{S_0}\quad(0\leqslant\mathcal{P}\leqslant1)$$

若将斯托克斯矢量对总光强进行归一化，则 $S_0=1$，而 S_1、S_2、S_3 的取值范围为

$[-1,1]$。对于自然光，所有偏振分量均为 0，其斯托克斯矢量为 $S = [1,0,0,0]^T$。对于部分偏振光，可将其分解为自然光和完全偏振光的线性组合，即

$$\begin{bmatrix} S_0 \\ S_1 \\ S_2 \\ S_3 \end{bmatrix} = \begin{bmatrix} S_0 - \sqrt{S_1^2 + S_2^2 + S_3^2} \\ 0 \\ 0 \\ 0 \end{bmatrix} + \begin{bmatrix} \sqrt{S_1^2 + S_2^2 + S_3^2} \\ S_1 \\ S_2 \\ S_3 \end{bmatrix}$$

几种特殊偏振光的斯托克斯矢量如表 4.3 所示。

表 4.3　几种特殊偏振光的斯托克斯矢量

偏振态	斯托克斯矢量	示意图
水平方向线偏振	$\begin{bmatrix} 1 \\ 1 \\ 0 \\ 0 \end{bmatrix}$	
竖直方向线偏振	$\begin{bmatrix} 1 \\ -1 \\ 0 \\ 0 \end{bmatrix}$	
45°线偏振	$\begin{bmatrix} 1 \\ 0 \\ 1 \\ 0 \end{bmatrix}$	
−45°线偏振	$\begin{bmatrix} 1 \\ 0 \\ -1 \\ 0 \end{bmatrix}$	
右旋圆偏振	$\begin{bmatrix} 1 \\ 0 \\ 0 \\ 1 \end{bmatrix}$	
左旋圆偏振	$\begin{bmatrix} 1 \\ 0 \\ 0 \\ -1 \end{bmatrix}$	

　　与琼斯矩阵类似，穆勒（Mueller）矩阵可以用来表示偏振元件对斯托克斯矢量的转化关系。不同的是，穆勒矩阵是一个 4×4 的矩阵，因此，出射光的斯托克斯矢量可表示为

$$S' = MS$$

式中，S 是入射光的斯托克斯矢量，穆勒矩阵 M 可表示为

$$M = \begin{bmatrix} m_{00} & m_{01} & m_{02} & m_{03} \\ m_{10} & m_{11} & m_{12} & m_{13} \\ m_{20} & m_{21} & m_{22} & m_{23} \\ m_{30} & m_{31} & m_{32} & m_{33} \end{bmatrix}$$

　　对水平方向的偏振片，其穆勒矩阵可表示为

$$M_{\mathrm{LHP}} = \frac{1}{2} \begin{bmatrix} 1 & 1 & 0 & 0 \\ 1 & 1 & 0 & 0 \\ 0 & 0 & 0 & 0 \\ 0 & 0 & 0 & 0 \end{bmatrix}$$

当其旋转角度为 θ 时，定义旋转穆勒矩阵为

$$M_{\mathrm{ROT}}(\theta) = \begin{bmatrix} 1 & 0 & 0 & 0 \\ 0 & \cos 2\theta & \sin 2\theta & 0 \\ 0 & -\sin 2\theta & \cos 2\theta & 0 \\ 0 & 0 & 0 & 0 \end{bmatrix}$$

则旋转后偏振片的穆勒矩阵为

$$\begin{aligned} M_{\mathrm{POL}}(\theta) &= M_{\mathrm{ROT}}(-\theta) M_{\mathrm{LHP}} M_{\mathrm{ROT}}(\theta) \\ &= \begin{bmatrix} 1 & \cos 2\theta & \sin 2\theta & 0 \\ \cos 2\theta & \cos^2 2\theta & \sin 2\theta \cos 2\theta & 0 \\ \sin 2\theta & \sin 2\theta \cos 2\theta & \sin^2 2\theta & 0 \\ 0 & 0 & 0 & 0 \end{bmatrix} \end{aligned}$$

　　对于相位差为 ϕ 的波带片，其穆勒矩阵为

$$M_{\mathrm{WP}}(\phi) = \begin{bmatrix} 1 & 0 & 0 & 0 \\ 0 & 1 & 0 & 0 \\ 0 & 0 & \cos\phi & -\sin\phi \\ 0 & 0 & \sin\phi & \cos\phi \end{bmatrix}$$

　　穆勒矩阵与斯托克斯矢量可用 NumPy 库表示，以自然光（完全非偏振光）入射到特定偏振元件为例，分别定义偏振片、波带片的穆勒矩阵和旋转穆勒矩阵，并计算光通过竖直方向的偏振片后的斯托克斯矢量。代码实现如下：

```python
import numpy as np

def Mpol(theta, deg=True):
    """returns the Mueller matrix for a polarizer oriented at angle theta.
    """
    if deg:
        a = theta * np.pi / 180
    else:
        a = theta
    return 0.5 * np.array([[1., np.cos(2 * a), np.sin(2 * a), 0.],
                [np.cos(2 * a), np.cos(2 * a) ** 2, np.sin(2 * a) * np.cos(2 * a), 0.],
                [np.sin(2 * a), np.sin(2 * a) * np.cos(2 * a), np.sin(2 * a) ** 2, 0.],
                [0., 0., 0., 0.]])


def Mwp(phi, deg=True):
    """returns the Mueller matrix for a wave plate with phase retardation phi.
    """
    if deg:
        a = phi * np.pi / 180
    else:
        a = phi
    return np.array([[1., 0., 0., 0.],
                [0., 1., 0., 0.],
                [0., 0., np.cos(a), -np.sin(a)],
                [0., 0., np.sin(a), np.cos(a)]])


def Mrot(theta, deg=True):
    """returns the Mueller matrix for a rotator at angle theta.
    """
    if deg:
        a = theta * np.pi / 180
    else:
        a = theta
    return np.array([[1., 0., 0., 0.],
                [0., np.cos(2 * a), np.sin(2 * a), 0.],
                [0., -np.sin(2 * a), np.cos(2 * a), 0.],
```

[0., 0., 0., 1.]])

np. set_printoptions(suppress＝True) ♯ supress scientific notation

Sunp＝np. array([[1.], [0.], [0.], [0.]])
M90 ＝Mpol(90)
Sout＝np. dot(M90，Sunp)
print(Sout)

输出结果为

[[0.5]
[−0.5]
[0.]
[0.]]

即输出光波为竖直方向的完全线偏振光，但光强减半。

4.3.3 马吕斯（Malus）定律

线偏振光通过旋转的偏振片如图 4.9 所示，图中入射光为完全线偏振光。经过一个旋转的线偏振片后，光强与旋转角度如何变化？

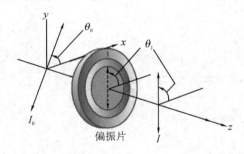

图 4.9 线偏振光通过旋转的偏振片

马吕斯（Malus）经过理论计算和实验验证得出，出射光强(I)与入射光强(I_0)和旋转角度(θ_1)满足如下关系：

$$I = \frac{1}{2}(1 + \cos 2\theta_1)I_0 = I_0 \cos^2 \theta_1$$

于是

$$\frac{I}{I_0} = \cos^2 \theta_1$$

即出射光强与入射光强的比值是旋转角度的余弦值的平方，这就是马吕斯定律。

　　若用斯托克斯矢量表示光的偏振态，用穆勒矩阵表示旋转的偏振片，则可以求得光强随旋转角度变化的规律，代码实现如下：

```python
import numpy as np
import matplotlib.pyplot as plt

def Mpol(theta, deg=True):
    """returns the Mueller matrix for a polarizer oriented at angle theta.
    """
    if deg:
        a=theta * np.pi / 180
    else:
        a=theta
    return 0.5 * np.array([[1., np.cos(2 * a), np.sin(2 * a), 0.],
                [np.cos(2 * a), np.cos(2 * a) ** 2, np.sin(2 * a) * np.cos(2 * a), 0.],
                [np.sin(2 * a), np.sin(2 * a) * np.cos(2 * a), np.sin(2 * a) ** 2, 0.],
                [0., 0., 0., 0.]])


# Malus's law
# input light is polarized at 0 deg
S_in=np.array([1, 1, 0, 0]).T
I_in=S_in[0]
# polarizer 2, rotate from 0 to 360 deg
angles=np.linspace(0, 360, 360)
I_out=[]
for i in angles:
    Mi=Mpol(i)
    S_out=np.dot(Mi, S_in)
    I_out.append(S_out[0])

plt.figure()
plt.plot(angles, I_out)
plt.xlabel("polarization angle / deg")
plt.ylabel("Output intensity")
plt.title("Malus's law")
plt.show()
```

输出光强随旋转角度变化的规律如图 4.10 所示，即符合马吕斯定律。

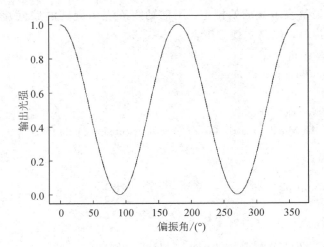

图 4.10　输出光强随旋转角度变化的规律

4.3.4　偏振成像

随着半导体工艺的提高，偏振元件可以与探测器像素集成，形成的马赛克式的彩色偏振成像相机如图 4.11 所示。其中每个 4×4 像素为一组超像素，分别对应四个 2×2 的彩色子像素单元，被拜耳阵列（RGGB）中的拜尔（Bayer）滤光片覆盖，而每组拜尔滤光片又细分为 2×2 的偏振片阵列，分别对应偏振角为 0°、45°、90°和 135°的线偏振片。

图 4.11　彩色偏振成像相机

根据斯托克斯矢量的定义，可以通过采集的四个偏振角的强度信息构建每个超像素的斯托克斯矢量。由于这种结构只包含线偏振片，因此只能得到斯托克斯矢量的前三个分量。由此也可以计算每个超像素的彩色强度分量、线偏振度图以及偏振角分布，如图 4.12 所示。

图 4.12　偏振图像的彩色强度分量、线偏振度图和偏振角分布

　　由于 NumPy 库本身已经实现了向量化计算，因此 4.3.3 节的计算代码可直接用于对二维图像进行计算，无需对像素进行循环计算就可以直接得到要求的斯托克斯矢量以及偏振度和偏振角信息。本节习题中的习题 2 将对该问题进行展开讨论。

4.4　光的反射与折射

　　光在两种介质的界面处发生反射和折射。斯涅尔（Snell）定律描述了反射角、折射角与入射角的关系，而光的复振幅也随着反射和折射发生变化，从而影响反射光波和折射光波的强度以及偏振态。菲涅尔（Fresnel）公式准确描述了光波在界面处发生反射和折射时光波的振幅和相位的变化规律。光波在界面处的反射与折射如图 4.13 所示。图中，n_1 和 n_2 为光线在两种介质中的折射率，θ_1 和 θ_2 分别为入射角和折射角。

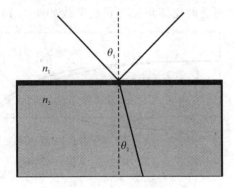

图 4.13　光波在界面处的反射与折射

　　入射电场矢量可分解为垂直于入射平面的分量 $E_\perp^{(i)}$（又称为 s 偏振分量）及平行于入射平面的分量 $E_\parallel^{(i)}$（又称为 p 偏振分量）。根据电场矢量在界面处切向分量连续的边界条件可推导出反射光和透射光的垂直分量如下：

$$E_{0\perp}^{(r)} = \frac{n_1\cos\theta_1 - n_2\cos\theta_2}{n_1\cos\theta_1 + n_2\cos\theta_2} E_{0\perp}^{(i)}$$

$$E_{0\perp}^{(t)} = \frac{2n_1\cos\theta_1}{n_1\cos\theta_1 + n_2\cos\theta_2} E_{0\perp}^{(i)}$$

类似地，反射光和透射光的平行分量可表示为

$$E_{0\parallel}^{(r)} = \frac{n_2\cos\theta_1 - n_1\cos\theta_2}{n_2\cos\theta_1 + n_1\cos\theta_2} E_{0\perp}^{(i)}$$

$$E_{0\parallel}^{(t)} = \frac{2n_1\cos\theta_1}{n_2\cos\theta_1 + n_1\cos\theta_2} E_{0\perp}^{(i)}$$

可见，在反射和折射过程中，垂直分量和平行分量相互独立，不存在耦合。定义振幅反射比和振幅透射比如下：

$$r_\perp = \frac{E_{0\perp}^{(r)}}{E_{0\perp}^{(i)}} = \frac{n_1\cos\theta_1 - n_2\cos\theta_2}{n_1\cos\theta_1 + n_2\cos\theta_2} = -\frac{\sin(\theta_1 - \theta_2)}{\sin(\theta_1 + \theta_2)}$$

$$r_\parallel = \frac{E_{0\parallel}^{(r)}}{E_{0\perp}^{(i)}} = \frac{n_2\cos\theta_1 - n_1\cos\theta_2}{n_2\cos\theta_1 + n_1\cos\theta_2} = \frac{\tan(\theta_1 - \theta_2)}{\tan(\theta_1 + \theta_2)}$$

$$t_\perp = \frac{E_{0\perp}^{(t)}}{E_{0\perp}^{(i)}} = \frac{2n_1\cos\theta_1}{n_1\cos\theta_1 + n_2\cos\theta_2} = \frac{2\cos\theta_1\sin\theta_2}{\sin(\theta_1 + \theta_2)}$$

$$t_\parallel = \frac{E_{0\parallel}^{(t)}}{E_{0\perp}^{(i)}} = \frac{2n_1\cos\theta_1}{n_2\cos\theta_1 + n_1\cos\theta_2} = \frac{2\cos\theta_1\sin\theta_2}{\sin(\theta_1 + \theta_2)\cos(\theta_1 - \theta_2)}$$

特别地，当 $\theta_1 + \theta_2 = \pi/2$ 时，反射光的平行分量消失，即反射光成为完全线偏振光，此时入射角成为布鲁斯特（Brewster）角（θ_B），满足 $\tan\theta_B = n_2/n_1$。在空气/玻璃界面发生反射和折射时，振幅反射比和振幅透射比随角度变化的曲线如图 4.14 所示。

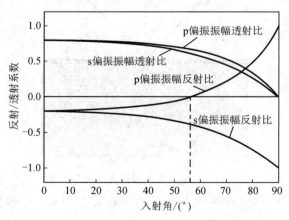

图 4.14　空气/玻璃界面的振幅反射比和振幅透射比

　　与振幅反射比和振幅透射比相比，反射率 R 和透射率 T 在实际观测中具有更直接的现实意义，其分别定义为

$$R = r^2$$

$$T = \frac{n_2 \cos\theta_2}{n_1 \cos\theta_1} t^2$$

且满足能量守恒，即 $R + T = 1$，其中 $r = r_\perp + r_\parallel$，$t = t_\perp + t_\parallel$。

　　根据菲涅尔公式可以计算任意界面处的反射光与透射光的振幅透射比和反射比以及透射率和反射率，代码实现如下：

```python
import numpy as np
import matplotlib. pyplot as plt


np. set_printoptions(suppress=True)  # supress scientific notation


def FresnelEQ(n1, n2, theta, deg=True):
    """Fresnel equation.
    """
    if deg:
        a=theta * np. pi / 180
    else:
        a=theta
    # refraction angle
    b=np. where(n1 * np. sin(a)/n2>=1, np. pi/2, np. arcsin(n1 * np. sin(a)/n2))
    # s-polarized light
    r_s=(n1 * np. cos(a) - n2 * np. cos(b)) / (n1 * np. cos(a)+n2 * np. cos(b)+np. spacing(1))
    t_s=2 * n1 * np. cos(a) / (n1 * np. cos(a)+n2 * np. cos(b))
    # p-polarized light
    r_p=(n1 * np. cos(b) - n2 * np. cos(a)) / (n1 * np. cos(b)+n2 * np. cos(a)+np. spacing(1))
    t_p=2 * n1 * np. cos(a) / (n1 * np. cos(b)+n2 * np. cos(a))
    return r_s, t_s, r_p, t_p


# glass to air
n1=1. 5
n2=1. 0
theta=np. linspace(0. 0, 90. 0, 180)
```

```
rs, ts, rp, tp=FresnelEQ(n1, n2, theta)

fig, ax=plt. subplots()
ax. plot(theta, rs, label='s-polarized')
ax. plot(theta, rp, label='p-polarized')
ax. plot(theta, ts, label='t s-polarized')
ax. plot(theta, tp, label='t p-polarized')
ax. set_xlim(0, 89)
ax. set_title("Reflection/transmission coefficients at Glass/Air interface")
ax. set_xlabel(r"incident angle ( $ ^\circ $ )")
ax. set_ylabel('reflection/transmission coefficient')
ax. legend()
plt. show()

# intensity ratio
a=theta * np. pi / 180
b=np. where(n1 * np. sin(a)/n2>=1, np. pi/2, np. arcsin(n1 * np. sin(a)/n2))
Rs=rs * rs
Rp=rp * rp
Ts=(n2 * np. cos(b)) / (n1 * np. cos(a)) * ts * ts
Tp=(n2 * np. cos(b)) / (n1 * np. cos(a)) * tp * tp

fig, ax=plt. subplots(1, 2)
ax[0]. plot(theta, Rs, label='R')
ax[0]. plot(theta, Ts, label='T')
ax[0]. set_xlim(0, 90)
ax[0]. set_ylim(0, 1)
ax[0]. set_title("s-polarization")
ax[0]. set_xlabel(r"incident angle ( $ ^\circ $ )")
ax[0]. legend()
ax[1]. plot(theta, Rp, label='R')
ax[1]. plot(theta, Tp, label='T')
ax[1]. set_xlim(0, 89)
ax[1]. set_ylim(0, 1)
ax[1]. set_title("p-polarization")
```

```
ax[1]. set_xlabel(r"incident angle ( $ ^\circ $ )")
ax[1]. legend()
plt. show()
```

　　不同介质界面处反射光和折射光的振幅和强度反射/透射比随角度变化的曲线如图4.15 所示。

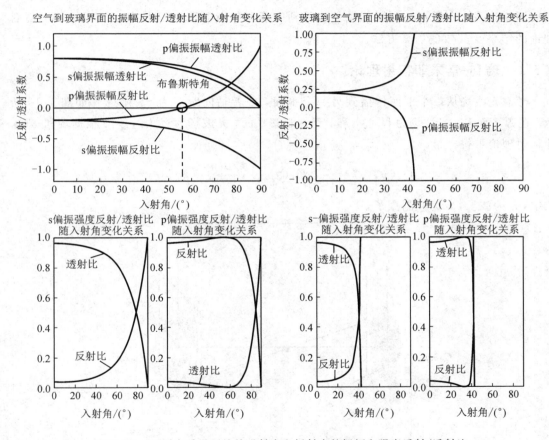

图 4.15　不同介质界面处的反射光和折射光的振幅和强度反射/透射比

4.5　标量衍射理论

　　当光被有限尺寸的物体遮挡并形成阴影时，我们通常很难观察到界限分明的明暗区域，这是因为在物体边界处光波发生了衍射现象。惠更斯(Huygens)最早提出了利用次级波理论来解释衍射现象，后来菲涅尔（Fresnel）采用数学方法进一步补充了惠更斯原理，接着基尔霍夫（Kirchhoff）进一步采用更严格的数学推导奠定了标量衍射理论。但由于基尔霍夫理论中存在不自洽的情况，因此瑞利（Rayleigh）和索末菲（Sommerfeld）两人通过选取合适的格林（Green）函数，提出了一套更完善的衍射理论，称为瑞利-索末菲（Rayleigh-Sommerfeld）标量衍射理论，简称瑞利-索末菲衍射理论。本节从瑞利-索末菲衍射理论出发，介绍在不同近似条件下得到的菲涅尔衍射和夫琅禾费（Fraunhofer）衍射理论的结果及其数值仿真方法。

4.5.1　瑞利-索末菲衍射理论

考虑光波场从一个平面传播到另一个平面，二者轴向距离为 z，坐标系如图 4.16 所示。在源平面上，光波场为 $U_1(\xi, \eta)$，到达观察平面，光波场为 $U_2(x, y)$。根据瑞利-索末菲衍射理论可得

$$U_2(x, y) = \frac{z}{\mathrm{j}\lambda} \iint_{\Sigma} U_1(\xi, \eta) \frac{\exp(\mathrm{j}kr_{12})}{r_{12}^2} \mathrm{d}\xi \mathrm{d}\eta$$

式中，λ 为波长，r 为倾斜因子，

$$r_{12} = \sqrt{(x-\xi)^2 + (y-\eta)^2 + z^2}$$

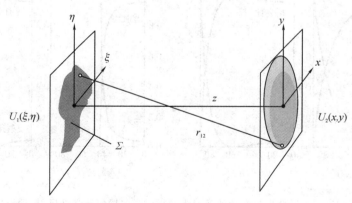

图 4.16　光波场自由空间传播的坐标系

可以看出，观察平面的光波场可由源平面的光波场与一个卷积核函数进行二维卷积运算得到，即

$$U_2(x, y) = U_1(x, y) * h(x, y)$$

其中卷积核函数为

$$h(x, y) = \frac{z}{j\lambda} \frac{\exp(jkr)}{r^2}$$

根据傅里叶(Fourier)变换定理可知，上述卷积操作等效为频域空间的相乘，因此，观察平面的光波场也可以通过傅里叶变换得到，即

$$U_2(x, y) = \mathcal{F}^{-1}\{\mathcal{F}\{U_1(x, y)\}H(f_X, f_Y)\}$$

其中，$H(f_X, f_Y)$ 为传递函数，

$$H(f_X, f_Y) = \exp\left[jkz\sqrt{1 - (\lambda f_X)^2 - (\lambda f_Y)^2}\right]$$

因此，我们可以用以下两种数值方法来实现瑞利-索末菲衍射。

（1）卷积核方法：首先直接定义卷积核函数，然后通过傅里叶变换实现卷积运算，最后通过逆傅里叶变换得到空间域的光波场。

（2）傅里叶变换方法：首先直接在傅里叶域定义传递函数 $H(f_X, f_Y)$，然后直接在傅里叶域进行乘积运算，最后进行逆傅里叶变换得到光波场。

上述两种方法的 Python 代码实现如下：

```python
import numpy as np


def RayleighSommerfeld(Uin, dx, dy, wavelength, z, method='kernel'):
    """Performs Rayleigh-Sommerfeld diffraction propagation.


    Uin is the optical field on the source plane.

    dx is the sampling interval in x axis.

    dy is the sampling interval in y axis.

    z is the distance between source and observation planes.

    method is the method used to perform the Fourier transform.

        'kernel' indicates a convolution kernel is used.

        'freq' indicates the transfer function is used.

        The default is the kernel method.


    The function returns the field Uout on the observation plane.
    """


    M, N = Uin.shape
    Lx = dx * N
    Ly = dy * M
```

```
    k＝2 * np. pi / wavelength

    if method. lower()＝＝'freq'：
        # use the transfer function in Fourier domain
        fx＝np. arange(－1/(2 * dx)，1/(2 * dx)，1/Lx)
        fy＝np. arange(－1/(2 * dy)，1/(2 * dy)，1/Ly)
        FX，FY＝np. meshgrid(fx，fy)
        H＝np. exp(1j * k * z *
                  np. sqrt(1. － wavelength * wavelength * FX * FX
                       － wavelength * wavelength * FY * FY))
        H＝np. fft. fftshift(H)
    elif method. lower()＝＝'kernel'：
        # use the impusle response kernel
        x＝np. arange(－N * dx/2，N * dx/2，dx)
        y＝np. arange(－M * dy/2，M * dy/2，dy)
        X，Y＝np. meshgrid(x，y)
        r＝np. sqrt(X * X＋Y * Y＋z * z)
        h＝z / (1j * wavelength) * np. exp(1j * k * r) / (r * r)
        H＝np. fft. fft2(np. fft. fftshift(h)) * dx * dy
    else：
        raise ValueError('Unkown simulation method...')

    Uout ＝np. fft. ifftshift(
        np. fft. ifft2(H * np. fft. fft2(np. fft. fftshift(Uin))))

    return Uout
```

4.5.2　菲涅尔（Frensel）近似

　　菲涅尔近似是指当传播距离较远时，可以采用泰勒展开，并仅保留二次项，即做如下近似：

$$r_{12} \approx z\left[1 + \frac{1}{2}\left(\frac{x-\xi}{z}\right)^2 + \left(\frac{y-\eta}{z}\right)^2\right]$$

或表示为

$$z^3 \gg \left\{ \frac{\pi}{4\lambda} \big[(x-\xi)^2 + (y-\eta)^2 \big] \right\}$$

此时，观察面的光波场可表示为

$$U_2(x, y) = \frac{\exp(\mathrm{j}kz)}{\mathrm{j}\lambda z} \iint_\Sigma U_1(\xi, \eta) \exp\left\{ \mathrm{j}\frac{k}{2z} \big[(x-\xi)^2 + (y-\eta)^2 \big] \right\} \mathrm{d}\xi \mathrm{d}\eta$$

上式称为菲涅尔衍射公式。可以看出，此时我们可以得到近似的卷积核函数及传递函数分别为

$$h(x, y) = \frac{\exp(\mathrm{j}kz)}{\mathrm{j}\lambda z} \exp\left[\mathrm{j}\frac{k}{2z}(x^2 + y^2) \right]$$

和

$$H(f_X, f_Y) = \exp(\mathrm{j}kz) \exp\left[\mathrm{j}\pi\lambda z(f_X^2 + f_Y^2) \right]$$

因此，菲涅尔衍射的代码实现如下：

```
def Fresnel(Uin, dx, dy, wave, z, method='kernel'):
    """Performs Fresnel diffraction propagation.

    Uin is the optical field on the source plane.

    dx is the sampling interval in x axis.

    dy is the sampling interval in y axis.

    z is the distance between source and observation planes.

    method is the method used to perform the Fourier transform.

        'kernel' indicates a convolution kernel is used.

        'freq' indicates the transfer function is used.

        The default is the kernecl method.


    The function returns the field Uout on the observation plane.
    """


    M, N = Uin.shape
    Lx = dx * N
    Ly = dy * M


    k = 2 * np.pi / wave
```

```
if method. lower()=='freq':
    # use the transfer function in Fourier domain
    fx=np. arange(-1/(2 * dx), 1/(2 * dx), 1/Lx)
    fy=np. arange(-1/(2 * dy), 1/(2 * dy), 1/Ly)
    FX, FY=np. meshgrid(fx, fy)
    H=np. exp(-1j * np. pi * wave * z * (FX * FX+FY * FY))
    H=np. fft. fftshift(H)
elif method. lower()=='kernel':
    # use the impulse response kernel
    x=np. arange(-N * dx/2, N * dx/2, dx)
    y=np. arange(-M * dy/2, M * dy/2, dy)
    X, Y=np. meshgrid(x, y)
    h=1 / (1j * wave * z) * np. exp(1j * k/(2 * z) * (X * X+Y * Y))
    H=np. fft. fft2(np. fft. fftshift(h)) * dx * dy
else:
    raise ValueError('Unkown simulation method...')


Uout=np. fft. ifftshift(
        np. fft. ifft2(H * np. fft. fft2(np. fft. fftshift(Uin))))
return Uout
```

4.5.3　夫琅禾费(Fraunhofer) 近似

当传播距离进一步增大时，可采用夫琅禾费近似进一步简化菲涅尔衍射中的光波场近似。当传播距离满足如下条件时，

$$z \gg \left[\frac{k(\xi^2 + \eta^2)}{2}\right]_{\max}$$

菲涅尔衍射公式可写成

$$U_2(x, y) = \frac{\exp(jkz)}{j\lambda z}\exp\left[j\frac{k}{2z}(x^2 + y^2)\right] \cdot$$

$$\iint_\Sigma U_1(\xi, \eta)\exp\left[j\frac{k}{2z}(\xi^2 + \eta^2)\right]\exp\left[-j2\pi\left(\frac{x}{\lambda z}\xi + \frac{y}{\lambda z}\eta\right)\right]d\xi d\eta$$

由此可得

$$U_2(x,y) = \frac{\exp(jkz)}{j\lambda z}\exp\left[j\frac{k}{2z}(x^2+y^2)\right]\iint_{\Sigma}U_1(\xi,\eta)\exp\left[-j2\pi\left(\frac{x}{\lambda z}\xi+\frac{y}{\lambda z}\eta\right)\right]d\xi d\eta$$

　　夫琅禾费近似表明，远场衍射的光波场是源光波场的二维傅里叶变换。夫琅禾费衍射的代码实现如下：

```
def Fraunhofer(Uin, dx, dy, wave, z):
    """Performs Fraunhofer diffraction propagation.

    Uin is the optical field on the source plane.
    dx is the sampling interval in x axis.
    dy is the sampling interval in y axis.
    z is the distance between source and observation planes.

    The function returns the field Uout on the observation plane
        and the corresponding coordinates.
    """

    M, N=Uin. shape
    k=2 * np. pi / wave

    # lengths on the source plane
    Lx=dx * N
    Ly=dy * M

    # lengths and samping intervals on the observation plane
    Lx2=wave * z / dx;
    dx2=wave * z / Lx;
    Ly2=wave * z / dy;
    dy2=wave * z / Ly;

    # output coordinates
    x2=np. arange(-Lx2/2, Lx2/2, dx2)
    y2=np. arange(-Ly2/2, Ly2/2, dy2)
    X2, Y2=np. meshgrid(x2, y2)
```

```
# Fourier transform
c=1. / (1j * wave * z) * np. exp(1j * k/(2 * np. pi) * (X2 * X2＋Y2 * Y2))
Uout＝c * np. fft. ifftshift(np. fft. fft2(np. fft. fftshift(Uin))) * dx * dy
return Uout，x2，y2
```

4.5.4　衍射传播中的采样问题

根据以上讨论可知，衍射传播可采用不同的近似条件计算近场和远场的光波场分布，我们既可以采用卷积核方法，也可以采用傅里叶变换方法进行衍射传播的仿真。然而，在代码实现时，需要考虑采样定理，以避免混叠效应造成仿真结果的不准确。

以菲涅尔衍射为例，考虑一个被平行光波照明的矩形孔径，光波经过该孔径后传播一段距离，观察并记录其在目标表面的强度分布。具体步骤如下。

（1）定义源光波场的孔径函数，代码实现如下：

```
import matplotlib. pyplot as plt


def rect(x)：
    """rectangular function"""
    return np. absolute(x) <＝0. 5


# simulation parameters
L1＝0. 5        # length
M＝250          # number of sampling
w＝0. 051       # width of aperture
z＝2000         # distance
dx1＝L1 / M  # sampling interval
x1＝np. arange(－L1/2, L1/2, dx1)
y1＝x1
dy1＝dx1

wave＝0. 5e－6  # wavelength
k＝2 * np. pi * wave  # wave number

# meshgrid
X1，Y1＝np. meshgrid(x1，y1)
```

```
# input field
u1 = rect(X1/(2 * w)) * rect(Y1/(2 * w))
# input intensity
I1 = np. absolute(u1) ** 2

fig1, ax1 = plt. subplots()
ax1. imshow(I1, extent=[x1[0], x1[-1], y1[0], y1[-1]], cmap=plt. cm. gray)
ax1. set_title("aperture")
ax1. set_xlabel("x (m)")
ax1. set_ylabel("y (m)")
plt. show()
```

　　这里，我们假设平面光波的振幅为单位值 1，采用矩形函数作为输入孔径。源场面的输入矩形孔径如图 4.17 所示。

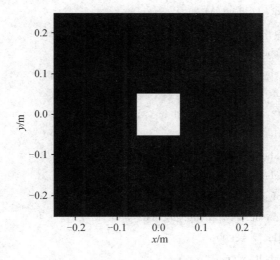

图 4.17　源场面的输入矩形孔径

　　（2）利用菲涅尔衍射方法获取观察面的强度分布、振幅分布和相位分布，代码实现如下：

```
# Fresnel propagation using the transfer function method
u2_f = Fresnel(u1, dx1, dy1, wave, z, 'freq')
# output intensity
```

```python
I2_f = np.absolute(u2_f) ** 2


# output coordinates
x2 = x1
y2 = y1


fig2, ax2 = plt.subplots(2, 2)
# intensity
ax2[0, 0].imshow(I2_f, extent=[x2[0], x2[-1], y2[0], y2[-1]],
                 cmap=plt.cm.gray)
ax2[0, 0].set_title("z=2000 m")
ax2[0, 0].set_xlabel("x (m)")
ax2[0, 0].set_ylabel("y (m)")
# cross section of intensity
ax2[0, 1].plot(x2, I2_f[int(M/2)])
ax2[0, 1].set_title("z=2000 m")
ax2[0, 1].set_xlabel("x (m)")
ax2[0, 1].set_ylabel("Irradiance")
# cross section of magnitude
ax2[1, 0].plot(x2, np.absolute(u2_f[int(M/2)]))
ax2[1, 0].set_title("z=2000 m")
ax2[1, 0].set_xlabel("x (m)")
ax2[1, 0].set_ylabel("Magnitude")
# cross section of phase
ax2[1, 1].plot(x2, np.unwrap(np.angle(u2_f[int(M/2)])))
ax2[1, 1].set_title("z=2000 m")
ax2[1, 1].set_xlabel("x (m)")
ax2[1, 1].set_ylabel("Phase (rad)")
fig2.tight_layout()
plt.show()
```

矩形孔的菲涅尔衍射传播结果如图 4.18 所示。

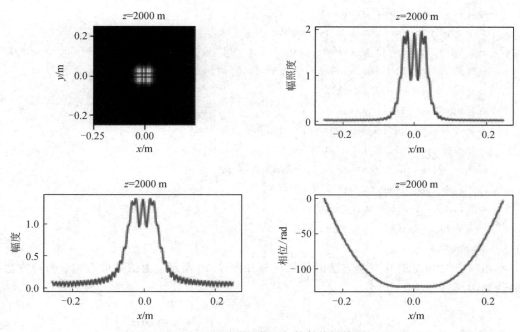

图 4.18　矩形孔的菲涅尔衍射传播结果

比较两种不同仿真方法(卷积核方法和傅里叶变换方法)得到的结果,代码实现如下:

```
# Fresnel propagation using the convolutional kernerl method
u2_k＝Fresnel(u1, dx1, dy1, wave, z, 'kernel')
# output intensity
I2_k＝np.absolute(u2_k) ＊＊ 2

fig3, ax3＝plt.subplots(2, 2)

# intensity for transfer function method
ax3[0, 0].imshow(I2_f, extent＝[x2[0], x2[-1], y2[0], y2[-1]], cmap＝plt.cm.gray)
ax3[0, 0].set_title("transfer function, z＝2000 m")
ax3[0, 0].set_xlabel("x (m)")
ax3[0, 0].set_ylabel("y (m)")
# cross section of intensity for transfer function method
ax3[0, 1].plot(x2, I2_f[int(M/2)])
ax3[0, 1].set_title("transfer function, z＝2000 m")
ax3[0, 1].set_xlabel("x (m)")
```

```
ax3[0, 1].set_ylabel("Irradiance")
# intensity for convolution kernel method
ax3[1, 0].imshow(I2_k, extent=[x2[0], x2[-1], y2[0], y2[-1]], cmap=plt.cm.gray)
ax3[1, 0].set_title("convolution kernel, z=2000 m")
ax3[1, 0].set_xlabel("x (m)")
ax3[1, 0].set_ylabel("y (m)")
# cross section of intensity for convolution kernel method
ax3[1, 1].plot(x2, I2_k[int(M/2)])
ax3[1, 1].set_title("convolution kernel, z=2000 m")
ax3[1, 1].set_xlabel("x (m)")
ax3[1, 1].set_ylabel("Irradiance")
fig3.tight_layout()
plt.show()
```

　　卷积核方法和傅里叶变换方法的结果比较如图 4.19 所示。由图可以看出，两种方法得到的结果一致。

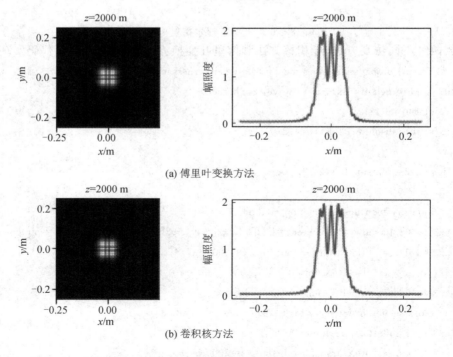

图 4.19　卷积核方法和傅里叶变换方法的结果比较

如果改变传播距离来测试两种方法的结果，那么我们会发现二者的结果在一定条件下是不同的。这里，我们测试传播距离分别为 1000 m、2000 m、4000 m 和 20 000 m 时的结果，代码实现如下：

```
# different propagation distances
distances=[1000. , 2000. , 4000. , 20000. ]

fig4, ax4=plt. subplots(4, 2)
fig4. set_size_inches(16, 22)

for i, distance in enumerate(distances):
    #  transfer function
    u2f=Fresnel(u1, dx1, dy1, wave, distance, 'freq')
    I2f=np. absolute(u2f) * * 2
    # convolutional kernel
u2k=Fresnel(u1, dx1, dy1, wave, distance, 'kernel')
I2k=np. absolute(u2k) * * 2

    ax4[i, 0]. plot(x2, I2f[int(M/2)])
    ax4[i, 0]. set_title("transfer function, z={} m". format(distance))
    ax4[i, 0]. set_xlabel("x (m)")
    ax4[i, 0]. set_ylabel("Irradiance")
    ax4[i, 1]. plot(x2, I2k[int(M/2)])
    ax4[i, 1]. set_title("convolution kernel, z={} m". format(distance))
    ax4[i, 1]. set_xlabel("x (m)")
    ax4[i, 1]. set_ylabel("Irradiance")

plt. show()
```

不同传播距离下傅里叶变换方法和卷积核方法的比较结果如图 4.20 所示。

根据上述讨论可以看出，对于不同的传播距离，当采用相同的采样间距时，两种方法的仿真结果会出现很大差异。这是因为在进行衍射传播时，采样间距应满足奈奎斯特定理所要求的条件。对于卷积核方法，采样间隔应满足

$$\Delta x \geqslant \frac{\lambda z}{L}$$

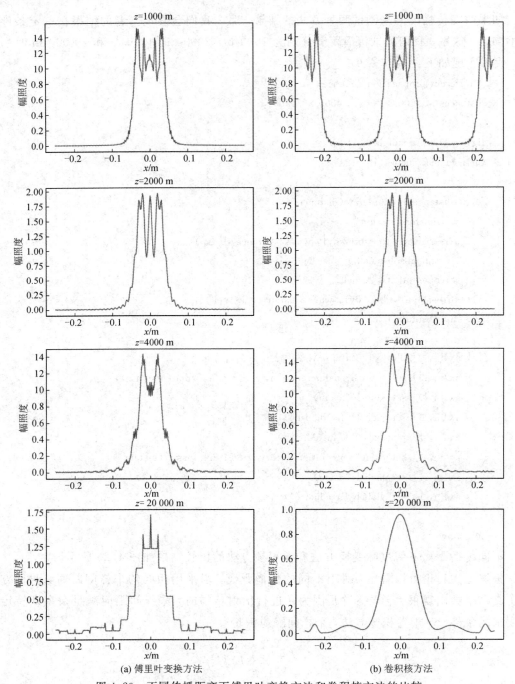

(a) 傅里叶变换方法　　　　　　　　　　(b) 卷积核方法

图 4.20　不同传播距离下傅里叶变换方法和卷积核方法的比较

其中 L 是仿真区域的边长。而对于傅里叶变换方法，采样间隔则应满足

$$\Delta x \leqslant \frac{\lambda z}{L}$$

可见，两种方法对采样间隔的要求条件基本相反，因此只有当满足如下临界采样条件时，才能同时符合采样要求，即

$$\Delta x = \frac{\lambda z}{L}$$

　　在上述仿真例子中，采样间隔均为 $\Delta x = 2 \times 10^{-4}$ m，其对应的距离为 2000 m，因此，当传播距离小于 2000 m 时，卷积核方法欠采样，得到的结果产生混叠影响，而傅里叶变换方法过采样，得到的结果正确。同理，当传播距离大于 2000 m 时，卷积核方法过采样，而傅里叶变换方法欠采样，卷积核方法得到的结果更准确。因此，在进行衍射仿真计算之前，应首先考虑采样问题，然后再决定所采用的仿真方法，这样可以避免产生错误的仿真结果。

4.5.5　相位复原问题及 Gerchberg-Saxton 算法

　　从上述衍射传播仿真过程可知，当光波场传播一段距离后，其振幅和相位均发生改变。然而，当前的检测手段只能检测光强信息，即振幅的平方，而丢失了相位信息。在很多科学问题中，我们需要根据观测到的光强信息复原未知的复振幅信息，即需要知道源场的振幅和相位。在很多情况下，源场的相位信息更重要，这一类问题通常称为相位复原（Phase Retrieval）问题，因此，我们需要解决如何从观测的强度信号反演源场的相位信息的问题。

　　考虑一个常见的问题，当一束平行光通过一个纯相位的光学元件后，在远场（适用 Fraunhofer 衍射理论）处形成一定的光强分布，假设我们在远场要得到特定的光强分布，目标图案如图 4.21 所示，那么这个光学元件应具有什么样的复振幅函数和相位函数？

　　为了解决这一问题，Gerchberg 和 Saxton 提出了一种简单有效的迭代优化算法（Gerchberg-Saxton 算法）来计算相应的相位函数，其流程如图 4.22 所示。该算法的思路是，首先从目标图案出发，与随机相位函数构建观察面的复振幅函数，然后通过逆傅里叶变换得到对应的源场复振幅函数，这个复振幅函数不满足纯相位的约束条件，因此丢弃得到的振幅函数，而以目标振幅函数替代，构建新的源场复振幅函数。该复振幅函数经过远场传播又得到了新的观察面复振幅函数，由此可以得到当前的图案强度分布。这一分布与目标强度图案仍有差异，因此以目标强度作为振幅构建新的复振幅函数，循环往复更新源场的复振幅，直至满足一定的精度要求。

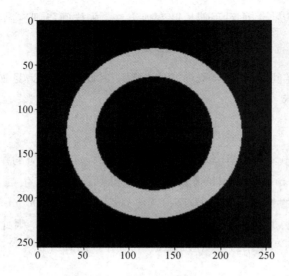

图 4.21　目标图案

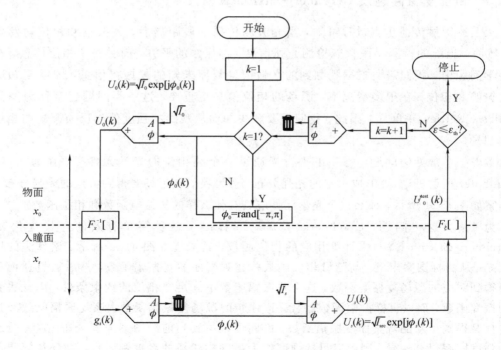

图 4.22　Gerchberg-Saxton 算法流程

根据上述思路，我们可以按以下步骤实现 Gerchberg-Saxton 算法。

（1）构建目标图案，代码实现如下：

```python
from __future__ import print_function
import numpy as np
import matplotlib. pyplot as plt
import numpy. fft as fft


def test1():
    """A ring pattern"""
    M, N=256, 256
    x=np. linspace(-N/2, N/2, N)
    y=np. linspace(-M/2, M/2, M)
    y=y[:, np. newaxis]
    r1=np. min([M, N]) / 4
    r2=1. 5 * np. min([M, N]) / 4
    return np. where((x * * 2+y * * 2 >=r1 * * 2) & (x * * 2+y * * 2 < r2 * * 2), 1., 0.)
```

（2）利用均方根误差定义重建误差，并利用 NumPy 库的傅里叶变换作为简化的夫琅禾费衍射传播工具，代码实现如下：

```python
def rmse(x, y):
    """Root Mean Squared Error"""
    return np. sqrt(((x-y) * * 2). mean())


def GS(target, AP, maxiter, tol):
    """Basic Gerchberg-Saxton algorithm

    """
    M, N=target. shape
    # target amplitude
    A_t=np. sqrt(target)
    A_t=A_t / np. sum(A_t)  # normalization
    # initialize target phase with random values
    Phi_ob=(np. random. rand(M, N) - 0. 5) * 2 * np. pi

    # record error metrics
    Errors=np. zeros(maxiter)
```

```python
    # avoid repeating fftshift and ifftshift in the loop
    AP_shift = fft.ifftshift(AP)
    A_t = fft.ifftshift(A_t)

    for i in range(maxiter):
        # replace observed amplitude with target amplitude
        observed = A_t * np.exp(1j * Phi_ob)
        # backward
        pupil = fft.ifft2(observed)
        A_pupil = np.abs(pupil)
        Phi_pupil = np.angle(pupil) * AP_shift
        # replace pupil amplitude with required amplitude
        pupil = AP_shift * np.exp(1j * Phi_pupil)
        # forward
        observed = fft.fft2(pupil)
        A_ob = np.abs(observed)
        A_ob = A_ob / np.sum(A_ob)
        Phi_ob = np.angle(observed)

        # error metric - normalized RMSE
        err = rmse(A_ob, A_t) / (A_t * * 2).sum()
        print("#{i}:   error={err}".format(i=i, err=err))
        Errors[i] = err
        if err < tol:
            break

    return (fft.fftshift(A_pupil), fft.fftshift(Phi_pupil),
            fft.fftshift(A_ob), fft.fftshift(Phi_ob), Errors)
```

(3) 设定迭代的最高次数或误差阈值作为结束循环的条件，进行优化，代码实现如下：

```python
M, N = I.shape
res = 1  # um
x = np.linspace(-N/2, N/2, N) * res
y = np.linspace(-M/2, M/2, M) * res
y = y[:, np.newaxis]
R = np.min([M, N]) * res / 2
```

```
AP=np. ones((M, N))
AP=np. where(x * * 2+y * * 2 <=R * * 2, AP, 0.)


# optimization parameters
maxiter=100
tol=1e-8


# optimization
A_p, Phi_p, A_ob, Phi_ob, Errors=GS(I, AP, maxiter, tol)
```

由此得到优化后的源场相位函数，代码实现如下：

```
# display results
fig=plt. figure(figsize=(8, 8))
ax1=fig. add_subplot(2, 2, 1)
im1=ax1. imshow(A_p)
ax1. set_title("pupil amplitude")
ax1. axis("off")
ax2=fig. add_subplot(2, 2, 2)
im2=ax2. imshow(Phi_p)
ax2. set_title("pupil phase")
ax2. axis("off")
ax3=fig. add_subplot(2, 2, 3)
im3=ax3. imshow(A_ob)
ax3. set_title("observed amplitude")
ax3. axis("off")
ax4=fig. add_subplot(2, 2, 4)
im4=ax4. imshow(Phi_ob)
ax4. set_title("observed phase")
ax4. axis("off")
plt. colorbar(im1, ax=ax[0, 0])
plt. colorbar(im2, ax=ax[0, 1])
plt. colorbar(im3, ax=ax[1, 0])
plt. colorbar(im4, ax=ax[1, 1])
plt. show()
```

　　Gerchberg-Saxton 算法的优化结果如图 4.23 所示。从图中可以看出,源场的复振幅函数基本是纯相位的,所产生的图案接近目标图案要求的强度分布。

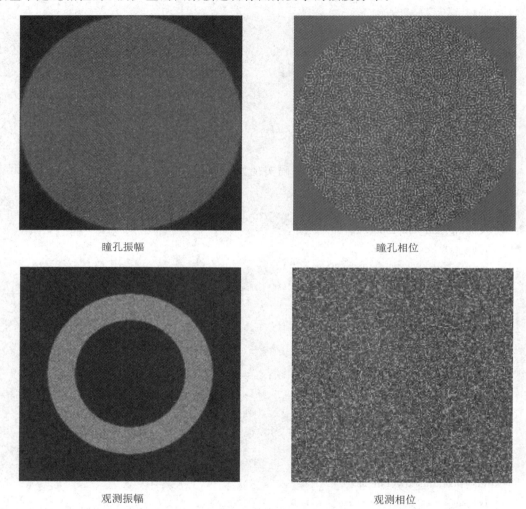

图 4.23　Gerchberg-Saxton 算法优化结果

　　迭代优化过程中的均方根误差(RMSE)变化曲线如图 4.24 所示。从图中可以看出,Gerchberg-Saxton 算法能够持续减小实际强度分布与目标图案之间的误差。本例中只运行了 100 次迭代,为了得到更小的误差,可以增加迭代次数,以得到更好的优化结果。

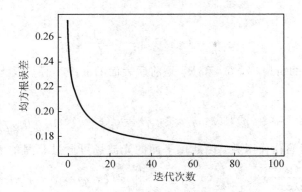

图 4.24　均方根误差变化曲线

4.6　光学成像系统

上一节我们讨论了光波在自由空间的传播过程，当光路中存在光学元件时，通常会对光波产生额外的振幅和相位调制作用。本节重点讨论光学成像系统的衍射成像仿真和表征方法。

4.6.1　透镜的傅里叶变换作用

从几何光学得知，透镜可以对光产生汇聚或发散作用。透镜的汇聚功能如图 4.25 所示，即一个凸透镜可以将入射的平面光波汇聚到焦平面上。

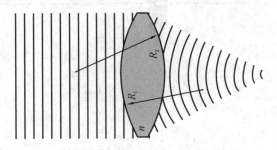

图 4.25　透镜的汇聚功能

由于透镜引入了相位延迟，所以出射的光波将平面波转换为球面波。根据薄透镜的近似原理可知，透镜引入的相位延迟是一个二次函数，即

$$t(\xi,\ \eta)=\exp\left[-\mathrm{j}\frac{k}{2f}(\xi^2+\eta^2)\right]$$

其中透镜的焦距定义为

$$\frac{1}{f} = (n-1)\left(\frac{1}{R_1} - \frac{1}{R_2}\right)$$

式中，n 是透镜材料的折射率，R_1 和 R_2 是前后表面的曲率半径。因此，经过透镜后，光波场为

$$U_2(\xi, \eta) = U_1(\xi, \eta)P(\xi, \eta)t(\xi, \eta) = P(\xi, \eta)\exp\left[-\mathrm{j}\frac{k}{2f}(\xi^2 + \eta^2)\right]$$

式中 $P(\xi, \eta)$ 是透镜的孔径函数。因此焦平面的光波场可通过菲涅尔衍射传播得到，即

$$U_3(x, y) = \frac{\exp(\mathrm{j}kz)}{\mathrm{j}\lambda z}\exp\left[\mathrm{j}\frac{k}{2z}(x^2 + y^2)\right]\iint_\Sigma P(\xi, \eta)\exp\left[-\mathrm{j}2\pi\left(\frac{x}{\lambda z}\xi + \frac{y}{\lambda z}\eta\right)\right]\mathrm{d}\xi\mathrm{d}\eta$$

$$= \frac{\exp(\mathrm{j}kz)}{\mathrm{j}\lambda z}\exp\left[\mathrm{j}\frac{k}{2z}(x^2 + y^2)\right]\mathcal{F}\{P(\xi, \eta)\}\Big|_{f_X=\frac{x}{\lambda z}, f_Y=\frac{y}{\lambda z}}$$

由上式可见，衍射光波场是孔径函数的傅里叶变换乘一个复常数，即透镜对复振幅有傅里叶变换的作用。

透镜的成像过程更一般的情况是考虑如图 4.26 所示的情形，物面的光波场 U_1 从物面出发，首先经过自由空间传播距离 z_1，到达透镜的前表面得到光波场 U_2，经过透镜后得到光波场 U_3，然后再经过自由空间传播一段距离 z_2 达到像面，得到光波场 U_4。

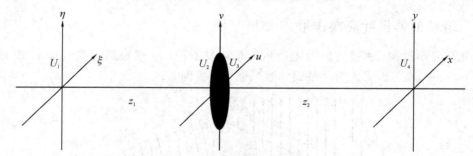

图 4.26　透镜的成像过程

理论推导的结果如下：

$$U_4(x, y) = \frac{\exp\left[\mathrm{j}\frac{\pi}{\lambda z_2}(x^2 + y^2)\right]}{\lambda^2 z_1 z_2}\iint_{-\infty}^{\infty}\iint_{-\infty}^{\infty} U_1(\xi, \eta)P(u, v) \cdot$$

$$\exp\left\{\mathrm{j}\frac{\pi}{\lambda}\left[\left(\frac{1}{z_1} + \frac{1}{z_2} - \frac{1}{f}\right)(u^2 + v^2) + \frac{1}{z_1}(\xi^2 + \eta^2)\right]\right\} \cdot$$

$$\exp\left\{-\mathrm{j}\frac{2\pi}{\lambda}\left[\left(\frac{\xi}{z_1} + \frac{x}{z_2}\right)u + \left(\frac{\eta}{z_1} + \frac{y}{z_2}\right)v\right]\right\}\mathrm{d}\xi\mathrm{d}\eta\mathrm{d}u\mathrm{d}v$$

上述过程的每一步都可以通过上一节的方法进行仿真，在此不再赘述，这一仿真过程

将作为习题进行练习。

4.6.2　光学成像系统分析

　　根据薄透镜成像过程，我们推导得出了像面的光波场分布的一般形式。这里，我们考虑物像共轭的情形，即

$$\frac{1}{z_1}+\frac{1}{z_2}-\frac{1}{f}=0$$

此时，像面的光波场为

$$U_4(x,y)=\frac{\exp\left[\mathrm{j}\frac{\pi}{\lambda z_2}(x^2+y^2)\right]}{\lambda^2 z_1 z_2}\iint_{-\infty}^{\infty}\iint_{-\infty}^{\infty}U_1(\xi,\eta)P(u,v)\exp\left[\mathrm{j}\frac{\pi}{z_1\lambda}(\xi^2+\eta^2)\right]\cdot$$

$$\exp\left\{-\mathrm{j}\frac{2\pi}{\lambda}\left[\left(\frac{\xi}{z_1}+\frac{x}{z_2}\right)u+\left(\frac{\eta}{z_1}+\frac{y}{z_2}\right)v\right]\right\}\mathrm{d}\xi\mathrm{d}\eta\mathrm{d}u\mathrm{d}v$$

　　定义振幅点扩散函数为

$$h(x,y;\xi,\eta)=\frac{\exp\left[\mathrm{j}\frac{\pi}{\lambda z_2}(x^2+y^2)\right]\exp\left[\mathrm{j}\frac{\pi}{z_1\lambda}(\xi^2+\eta^2)\right]}{\lambda^2 z_1 z_2}$$

$$\iint_{-\infty}^{\infty}P(u,v)\exp\left\{-\mathrm{j}\frac{2\pi}{\lambda}\left[\left(\frac{\xi}{z_1}+\frac{x}{z_2}\right)u+\left(\frac{\eta}{z_1}+\frac{y}{z_2}\right)v\right]\right\}\mathrm{d}u\mathrm{d}v$$

则像面的光波场可表示为物面的光波场与点扩散函数的卷积，即

$$U_4(x,y)=\iint_{-\infty}^{\infty}\iint_{-\infty}^{\infty}U_1(\xi,\eta)h(x,y;\xi,\eta)\mathrm{d}\xi\mathrm{d}\eta$$

　　进一步，当考虑放大率时，即

$$M=-\frac{z_2}{z_1}$$

则振幅点扩散函数可简化为

$$h(x,y;\xi,\eta)=\frac{1}{\lambda^2 z_1 z_2}\iint_{-\infty}^{\infty}P(u,v)\exp\left\{-\mathrm{j}\frac{2\pi}{\lambda z_2}[(x-M\xi)u+(y-M\eta)v]\right\}\mathrm{d}u\mathrm{d}v$$

做如下变量替换，即

$$\tilde{u}=\frac{u}{\lambda z_2},\quad \tilde{v}=\frac{v}{\lambda z_2},\quad \tilde{\xi}=M\xi,\quad \tilde{\eta}=M\eta,\quad \tilde{U}_1(\tilde{\xi},\tilde{\eta})=\frac{1}{M}U_1\left(\frac{\tilde{\xi}}{M},\frac{\tilde{\eta}}{N}\right)$$

可以得到

$$\tilde{h}(x-\tilde{\xi},y-\tilde{\eta})=\frac{h(x-\tilde{\xi},y-\tilde{\eta})}{|M|}$$

$$=|M|\iint_{-\infty}^{\infty}P(\lambda z_2\tilde{u},\lambda z_2\tilde{v})\exp\left\{-\mathrm{j}\frac{2\pi}{\lambda z_2}[(x-\tilde{\xi})\tilde{u}+(y-\tilde{\eta})\tilde{v}]\right\}\mathrm{d}\tilde{u}\mathrm{d}\tilde{v}$$

则像面的光波场进一步简化为

$$U_4(x, y) = \iint_{-\infty}^{\infty} U_1(\tilde{\xi}, \tilde{\eta}) \tilde{h}(x - \tilde{\xi}, y - \tilde{\eta}) \mathrm{d}\tilde{\xi} \mathrm{d}\tilde{\eta} = \widetilde{U}_1(x, y) * \tilde{h}(x, y)$$

1. 相干成像

当考虑相干成像系统时，光学系统对光波场是线性不变的，因此像面的光波场是物面的光波场与卷积核函数的卷积，即

$$U_{\mathrm{img}}(x, y) = \widetilde{U}_{\mathrm{obj}}(x, y) * \tilde{h}(x, y)$$

在傅里叶域，像面的光波场的傅里叶变换是物面光波场的傅里叶变换与卷积核函数的傅里叶变换（即振幅传递函数）的乘积，即

$$G_{\mathrm{img}}(f_X, f_Y) = G_{\mathrm{obj}}(f_X, f_Y) H(f_X, f_Y)$$

其中振幅传递函数可表示为

$$H(f_X, f_Y) = \mathcal{F}\{\tilde{h}(x, y)\} = \mathcal{F}\left\{\frac{1}{\lambda^2 z_1 z_2} \iint_{-\infty}^{\infty} P(u, v) \exp\left[-\mathrm{j}\frac{2\pi}{\lambda z_2}(xu + yv)\right] \mathrm{d}u \mathrm{d}v\right\}$$

$$= P(\lambda z_2 f_X, \lambda z_2 f_Y)$$

由此可见，振幅传递函数是孔径函数的缩放形式。

2. 非相干成像

当考虑非相干成像系统时，光学系统对光波场的强度是线性不变的，因此像面强度是物面强度与卷积核函数模值平方的卷积

$$I_{\mathrm{img}}(x, y) = I_{\mathrm{obj}}(x, y) * |\tilde{h}(x, y)|^2$$

在傅里叶域，像面强度的傅里叶变换是物面强度的傅里叶变换与卷积核函数的傅里叶变换（即光学传递函数）的乘积，即

$$G_{\mathrm{img}}(f_X, f_Y) = G_{\mathrm{obj}}(f_X, f_Y) \mathcal{H}(f_X, f_Y)$$

其中光学传递函数（Optical Transfer Function，OTF）为

$$\mathcal{H}(f_X, f_Y) = \mathcal{F}\{|\tilde{h}(x, y)|^2\}$$

进一步，我们考虑归一化的光学传递函数

$$\mathcal{H}(f_X, f_Y) = \frac{\mathcal{F}\{|\tilde{h}(x, y)|^2\}}{\iint_{-\infty}^{\infty} |\tilde{h}(x, y)|^2 \mathrm{d}x \mathrm{d}y}$$

$$= \frac{\iint_{-\infty}^{\infty} H\left(p + \frac{f_X}{2}, q + \frac{f_Y}{2}\right) H\left(p - \frac{f_X}{2}, q - \frac{f_Y}{2}\right) \mathrm{d}p \mathrm{d}q}{\iint_{-\infty}^{\infty} |H(p, q)|^2 \mathrm{d}p \mathrm{d}q}$$

上式表明，光学传递函数是振幅传递函数的自相关。

我们可以将光学传递函数写成复数形式，即

$$\mathcal{H}(f_X,\,f_Y)=|\,\mathcal{H}(f_X,\,f_Y)\,|\,\exp\big[-\mathrm{j}\Phi(f_X,\,f_Y)\big]$$

其中，光学传递函数的模称为调制传递函数（Modulation Transfer Function，MTF），其相位部分称为相位传递函数（Phase Transfer Function，PTF），即 $\phi(f_X,\,f_Y)$。

综上所述，从光学系统的孔径函数求得光学传递函数的过程可总结如图 4.27 所示。首先，将孔径函数 $P(u,\,v)$ 用夫琅禾费衍射计算得到振幅点扩散函数 $\tilde{h}(x,\,y)$；其次，对振幅点扩散函数求傅里叶变换，即得到相干成像系统的振幅传递函数。振幅传递函数的自相关即为非相干成像系统的光学传递函数。对非相干成像系统，光学传递函数也可以通过先求强度点扩散函数，再对其求傅里叶变换的方法得到。

图 4.27　从光学系统的孔径函数求得光学传递函数的过程

作为例子，我们考虑一个圆形孔径函数，即

$$P(u,\,v)=\mathrm{circ}\!\left(\frac{\sqrt{u^2+v^2}}{R}\right)=\begin{cases}1 & \sqrt{u^2+v^2}\leqslant R\\ 0 & \text{其他}\end{cases}$$

其中 R 是孔径的半径，则其振幅传递函数为

$$H(f_X,\,f_Y)=P(\lambda z_2 f_X,\,\lambda z_2 f_Y)=\mathrm{circ}\!\left(\frac{\sqrt{f_X^2+f_Y^2}}{R/\lambda z_2}\right)$$

$$=\begin{cases}1 & \sqrt{f_X^2+f_Y^2}\leqslant \dfrac{R}{\lambda z_2}\\ 0 & \text{其他}\end{cases}$$

而光学传递函数为

$$\mathcal{H}(\rho)=\begin{cases}\dfrac{2}{\pi}\left[\arccos\!\left(\dfrac{\rho}{2\rho_0}\right)-\dfrac{\rho}{2\rho_0}\sqrt{1-\left(\dfrac{\rho}{2\rho_0}\right)^2}\,\right] & \rho\leqslant 2\rho_0\\ 0 & \text{其他}\end{cases}$$

其中

$$\rho=\sqrt{f_X^2+f_Y^2},\quad \rho_0=\frac{R}{\lambda z_2}$$

根据上述仿真方法，我们可以计算该系统的振幅传递函数和光学传递函数，代码实现如下：

```
import matplotlib.pyplot as plt
import numpy as np
from OpticalTransferFun import coherent_img, incoherent_img
```

```
def circle(x, y):
    return np.absolute(x) ** 2+np.absolute(y) ** 2 <=0.25

L1=0.5
M=250
dx1=L1 / M
x1=np.arange(-L1/2, L1/2, dx1)
y1=x1
dy1=dx1
X1, Y1=np.meshgrid(x1, y1)
w=0.091
wave=0.5e-6
k=2 * np.pi * wave
z=2000

u1_c=circle(X1/(2 * w), Y1/(2 * w))
I1_c=np.absolute(u1_c) ** 2

co_c, x4, y4=coherent_img(u1_c, dx1, dy1, wave, z)
Ico_c=np.absolute(co_c) ** 2
inco_c, x5, y5=incoherent_img(u1_c, dx1, dy1, wave, z)
Iinco_c=np.absolute(inco_c) ** 2

PP=np.sqrt(X1 * X1+Y1 * Y1)
PP0=w
temp=PP / (2 * PP0)
temp_normed=temp / np.abs(temp).max()
H_c=2/np.pi * (np.arccos(temp_normed)-temp * np.sqrt(1-temp_normed * temp_normed)) *
(PP<=(2 * PP0))
IH_c=np.absolute(H_c) ** 2

fig1, ax=plt.subplots(2, 2)
ax[0, 0].imshow(I1_c, extent=[x1[0], x1[-1], y1[0], y1[-1]], cmap=plt.cm.gray)
ax[0, 0].set_title("input_circle")
ax[0, 0].set_xlabel("x (m)")
ax[0, 0].set_ylabel("y (m)")
# coherent_img
ax[0, 1].imshow(Ico_c, extent=[x4[0], x4[-1], y4[0], y4[-1]], cmap=plt.cm.gray)
```

```
ax[0, 1].set_title("coherent_img")
ax[0, 1].set_xlabel("x (m)")
ax[0, 1].set_ylabel("y (m)")
# incoherent_img
ax[1, 0].imshow(Iinco_c, extent=[x5[0], x5[-1], y5[0], y5[-1]], cmap=plt.cm.gray)
ax[1, 0].set_title("incoherent_img")
ax[1, 0].set_xlabel("x (m)")
ax[1, 0].set_ylabel("y (m)")
# incoherent_img
ax[1, 1].imshow(IH_c, extent=[x5[0], x5[-1], y5[0], y5[-1]], cmap=plt.cm.gray)
ax[1, 1].set_title("formula_c")
ax[1, 1].set_xlabel("x (m)")
ax[1, 1].set_ylabel("y (m)")
fig1.tight_layout()
plt.shw()
```

结果如图 4.28 所示。由图可知，相干成像、非相干成像结果和公式画图结果相同。

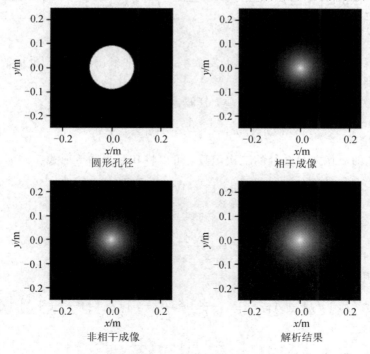

图 4.28 圆形孔径光学系统经过调制传递函数后的结果

对于孔径函数为简单形状的光学系统，我们通常可以求得振幅传递函数和光学传递函数的解析解，但对于复杂形状的孔径函数，通常需要通过数值仿真得到。

4.6.3　光学系统像差

在以上讨论中，我们均假设光学系统不存在像差，具备衍射受限系统的性能。在实际光学系统中，各种像差的存在都会降低最终的成像性能。在物理光学中，我们可以将像差以波像差的形式考虑到光学系统的孔径函数中，即考虑如下广义光瞳函数

$$\mathcal{P}(u, v) = P(u, v) \exp[jkW(u, v)]$$

其中，$P(u, v)$ 是孔径的几何函数，$W(u, v)$ 是波像差。因此，对于相干成像系统，其振幅传递函数变为

$$H(f_X, f_Y) = \mathcal{P}(\lambda z_2 f_X, \lambda z_2 f_Y)$$
$$= P(\lambda z_2 f_X, \lambda z_2 f_Y) \exp[jkW(\lambda z_2 f_X, \lambda z_2 f_Y)]$$

而对于非相干成像系统，光学传递函数可以通过上述振幅传递函数的自相关得到，即

$$\mathcal{H}(f_X, f_Y)$$
$$= \frac{\iint_{A(f_X, f_Y)} \exp\left\{jk\left[W\left(x + \frac{\lambda z_2 f_X}{2}, y + \frac{\lambda z_2 f_Y}{2}\right) - W\left(x - \frac{\lambda z_2 f_X}{2}, y - \frac{\lambda z_2 f_Y}{2}\right)\right]\right\} \mathrm{d}x\,\mathrm{d}y}{\iint_{A(0, 0)} \mathrm{d}x\,\mathrm{d}y}$$

但是上述表达式在实际计算时过于复杂，我们通常采用图 4.27 所示的运算流程进行数值计算来得到光学传递函数。

这里我们考虑一个简单的离焦像差，其波像差的形式如下：

$$W(u, v) = \frac{1}{2}\left(\frac{1}{z_2} - \frac{1}{z}\right)(u^2 + v^2)$$

可以看出，离焦的波像差是孔径的二次函数，可以将其写为如下形式：

$$W(u, v) = W_m \frac{u^2 + v^2}{W^2}$$

其中

$$W_m = \frac{1}{2}\left(\frac{1}{z_2} - \frac{1}{z}\right)W^2$$

则其光学传递函数为

$$\mathcal{H}(f_X, f_Y) = \Lambda\left(\frac{f_X}{2f_0}\right)\Lambda\left(\frac{f_Y}{2f_0}\right)\text{sinc}\left[\frac{8W_m}{\lambda}\left(\frac{f_X}{2f_0}\right)\left(1 - \frac{|f_X|}{2f_0}\right)\right] \cdot$$

$$\text{sinc}\left[\frac{8W_m}{\lambda}\left(\frac{f_Y}{2f_0}\right)\left(1 - \frac{|f_Y|}{2f_0}\right)\right]$$

式中，Λ 为自定义三角函数，详见下面代码 triangle( ) 函数的定义。

对于不同的离焦量，我们可以画出其调制传递函数图像，代码实现如下：

```python
import numpy as np
import matplotlib. pyplot as plt


def triangle(x, A):
    """triangle function
    """
    return 1. - np. abs(x) / A


defocus = np. linspace(0. , 1. 0, 5)
freq = np. linspace(0. , 1. , 200)
plt. figure()
for Wm in defocus:
    H = np. abs(triangle(freq, 1. 0) * np. sinc(8 * Wm * freq * (1 - np. abs(freq))))
    plt. plot(freq, H, label = r"Wm = {} $ \lambda $ ". format(Wm))

plt. xlim((0. 0, 1. 0))
plt. ylim((0. 0, 1. 0))
plt. legend()
plt. title("MTF for different amount of defocus")
plt. show()
```

结果如图 4.29 所示。由图可知，随着离焦量的增大，系统的截止频率不断降低，造成分辨率不断降低，而 0.25λ 离焦量只对中频段有影响，而不降低截止频率。

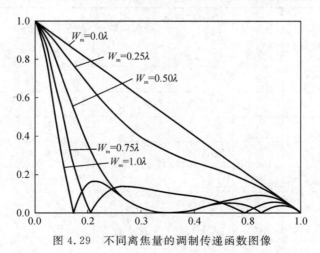

图 4.29　不同离焦量的调制传递函数图像

4.6.4　泽尼克（Zernike）多项式

通常，光学像差不像离焦像差一样可以写出解析的表达式，因此模拟复杂像差通常采用更复杂的数值计算方法。其中，对于圆形孔径的光学系统，采用泽尼克多项式为正交基来表示像差是一种较为常用和简单的方法。

波像差可以分解为泽尼克多项式的线性组合，即

$$W(u, v) = \sum_{i=1}^{N} a_i Z_n^m(\rho, \phi)$$

式中，a_i 是多项式系数，泽尼克多项式基函数可表示为

$$Z_n^m(\rho, \phi) = \begin{cases} N_n^m R_n^{|m|}(\rho) \cos(m\phi) & m \geqslant 0 \\ -N_n^m R_n^{|m|}(\rho) \sin(m\phi) & m < 0 \end{cases}$$

其中

$$R_n^{|m|}(\rho) = \begin{cases} \displaystyle\sum_{s=0}^{\frac{n-|m|}{2}} \frac{(-1)^s (n-s)!}{s! \left(\frac{n+|m|}{2} - s\right)! \left(\frac{n-|m|}{2} - s\right)!} \rho^{n-2s} & n-m \text{ 是偶数} \\ 0 & n-m \text{ 是奇数} \end{cases}$$

$$N_n^m = \sqrt{\frac{2(n+1)}{1+\delta_{m0}}} \quad (\text{当 } m=0 \text{ 时}, \delta_{m0}=1; \text{ 当 } m \neq 0 \text{ 时}, \delta_{m0}=0)$$

泽尼克多项式的序号有多种表示方法，其关系如表 4.4 所示。

表 4.4　泽尼克多项式的不同序号表示方法

	OSA/ANSI 序号(j)	NOLL 序号(j)	Wyant 序号(j)	条纹（亚利桑那大学）序号(n)	径向阶数(n)	方位角阶数(m)	Z_j
Z_0^0	0	1	0	1	0	0	1
Z_1^{-1}	1	3	2	3	1	-1	$2\rho\sin\phi$
Z_1^1	2	2	1	2	1	$+1$	$2\rho\cos\phi$
Z_2^{-2}	3	5	5	6	2	-2	$\sqrt{6}\rho^2\sin2\phi$
Z_2^0	4	4	3	4	2	0	$\sqrt{3}(2\rho^2-1)$
Z_2^2	5	6	4	5	2	$+2$	$\sqrt{6}\rho^2\cos2\phi$
Z_3^{-3}	6	9	10	11	3	-3	$\sqrt{8}\rho^3\sin3\phi$

续表

	OSA/ANSI 序号(j)	NOLL 序号(j)	Wyant 序号(j)	条纹（亚利桑那大学）序号(n)	径向阶数(n)	方位角阶数(m)	Z_j
Z_3^{-1}	7	7	7	8	3	−1	$\sqrt{8}(3\rho^3-2\rho)\sin\phi$
Z_3^{1}	8	8	6	7	3	+1	$\sqrt{8}(3\rho^3-2\rho)\cos\phi$
Z_3^{3}	9	10	9	10	3	+3	$\sqrt{8}\rho^3\cos3\phi$
Z_4^{-4}	10	15	17	18	4	−4	$\sqrt{10}\rho^4\sin4\phi$
Z_4^{-2}	11	13	12	13	4	−2	$\sqrt{10}(4\rho^4-3\rho^2)\sin2\phi$
Z_4^{0}	12	11	8	9	4	0	$\sqrt{5}(6\rho^4-6\rho^2+1)$
Z_4^{2}	13	12	11	12	4	+2	$\sqrt{10}(4\rho^4-3\rho^2)\cos2\phi$
Z_4^{4}	14	14	16	17	4	+4	$\sqrt{10}\rho^4\cos4\phi$

　　不同的泽尼克多项式代表了不同的像差类型，泽尼克多项式与像差的关系如图 4.30 所示。泽尼克多项式与点扩散函数之间的关系如图 4.31 所示，该图给出了不同泽尼克多项式对应的点扩散函数的形式。

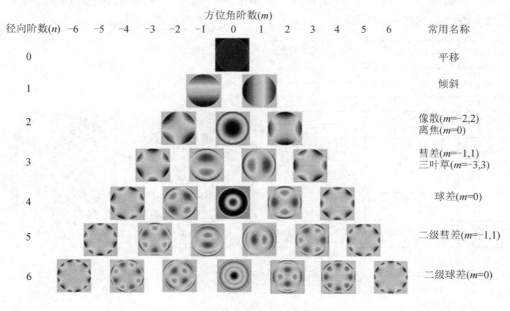

图 4.30　泽尼克多项式与像差的关系

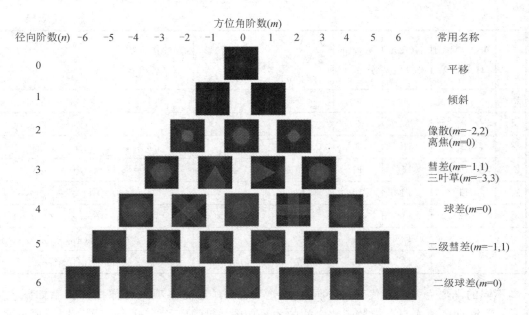

图 4.31 泽尼克多项式与点扩散函数之间的关系

若已知波像差的系数，则波像差可通过泽尼克多项式的线性组合得到。泽尼克多项式系数及其波像差如图 4.32 所示。

序号(j)	系数/μm	均方根系数/μm
0	0	0
1	0	0
2	0	0
3	1.02	0.416 413 256
4	0	0
5	0.33	0.134 721 936
6	0.21	0.074 246 212
7	−0.26	−0.091 923 882
8	0.03	0.010 606 602
9	−0.34	−0.120 208 153
10	−0.12	−0.037 947 332
11	0.05	0.015 811 388
12	0.19	0.084 970 583
13	−0.19	−0.060 083 276
14	0.15	0.047 434 165
均方根波前总误差/μm		0.484 608 089

(a) 泽尼克多项式系数

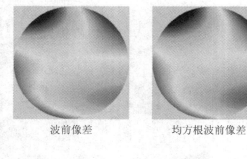

波前像差　　　　　　　均方根波前像差

(b) 波像差

图 4.32 泽尼克多项式系数及其波像差

根据泽尼克多项式的定义，可实现对各种波像差的模拟，具体步骤如下。

（1）定义泽尼克多项式，代码实现如下：

```python
import numpy as np
import math
import matplotlib. pyplot as plt


def zernike(n, m, RHO, THETA):
    """Zernike polynomials in a unit circle.

    n, m
        indices of the Zernike polynomials.
        see https://en. wikipedia. org/wiki/Zernike_polynomials and
        Thibos, L. , Applegate, R. A. , Schweigerling, J. T. , Webb, R. ,
            Standards for Reporting the Optical Aberrations of Eyes
    RHO, THETA
        meshgrid for in polar coordinates.
        -1 <=RHO <=1
        0 <=THETA < 2 * pi
    """

    AP=(RHO<=1. )+0.

    if n==0:
        return AP

    Znm=np. zeros(AP. shape)
    # only calculate when n-m is even, otherwise Znm=0
    if (n-m) % 2==0:
        for s in range(int((n-np. abs(m))/2)+1):
            Znm+=((-1) * * s) * np. math. factorial(n-s) * RHO * * (n-2 * s) / (
                np. math. factorial(s) * np. math. factorial(int(0. 5 * (n+np. abs(m)) - s)) *  (np.
                    math. factorial(int(0. 5 * (n-np. abs(m)) - s))))
        Nnm=np. sqrt((2 * (n+1. )) / (1. +(m==0)))
        if m >=0:
            Znm=   Znm * Nnm * np. cos(m * THETA)
        else:
            Znm=-Znm * Nnm * np. sin(m * THETA)
```

```
        Znm=Znm * AP
        return Znm
```

（2）显示单个基函数，代码实现如下：

```
def showzernike(n, m, M, N):
    """Shows the Zernike polynomial for index (n, m)
    """

    # equivalent single index j for OSA/ANSI standard
    j=nm2j(n, m, "osa")
    Znm=zernike(n, m, RHO, THETA)

    plt. imshow(np. flipud(Znm), extent=[x[0], x[-1], y[0], y[-1]], cmap=plt. cm. jet)
    plt. title("Zernike j={j}, n={n}, m={m}". format(j=j, n=n, m=m))
    plt. colorbar()
    plt. show()

M, N=128, 128  # sampling on pupil, M and N should be of the same value
# for interactive display
n_min=0
n_max=10

# double index using n, m
n_val, m_val=3, -3

# show the initial Zernike polynomials
x=np. linspace(-1., 1., N)
y=np. linspace(-1., 1., M)
X, Y=np. meshgrid(x, y)
THETA, RHO=cart2pol(X, Y)
## alternatively, use broadcasting
# x, y=np. linspace(-1., 1., N), np. linspace(-1., 1., M)[:, np. newaxis]
# RHO=np. sqrt(x * x+y * y)
# THETA=np. arctan2(y, x)

    showzernike(n_val, m_val, M, N)
```

泽尼克多项式基函数 Z_3^{-3} 项图像如图 4.33 所示。

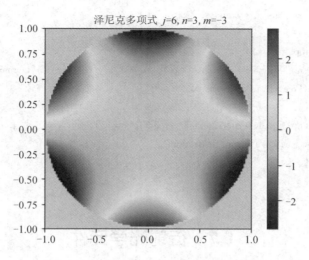

图 4.33　泽尼克多项式基函数 Z_3^{-3} 项图像

对于图 4.32(b)中的波像差，我们可以通过其多项式系数和泽尼克多项式的线性组合得到，代码实现如下：

```
index＝np. linspace(0，14，15，dtype＝int)
coeff＝np. array([0.0，0.0，0.0，1.02，0.0，0.33，0.21，−0.26，0.03，−0.34，−0.12，0.05，
        0.19，−0.19，0.15])
rms＝np. array([0.0，0.0，0.0，0.416413256，0.0，0.134721936，0.074246212，−0.091923882，
        0.010606602，−0.120208153，−0.037947332，0.015811388，0.084970583，
        −0.060083276，0.047434165])


N＝256
x＝np. linspace(−1.0，1.0，N)
y＝np. linspace(−1.0，1.0，N)
X，Y＝np. meshgrid(x，y)
THETA，RHO＝cart2pol(X，Y)

W＝np. zeros(X. shape)
Wrms＝np. zeros(X. shape)

for j in index：
    n，m＝j2nm(j)
    Znm＝zernike(n，m，RHO，THETA)
    W＝W＋coeff[j] * Znm
```

```
Wrms＝Wrms＋rms[j] ∗ Znm

fig, ax＝plt. subplots(1，2)
ax[0]. imshow(np. flipud(W)，extent＝[x[0]，x[−1]，y[0]，y[−1]]，cmap＝plt. cm. jet)
ax[0]. set_title('Wavefront aberration')
ax[0]. axis('off')
ax[1]. imshow(np. flipud(Wrms)，extent＝[x[0]，x[−1]，y[0]，y[−1]]，cmap＝plt. cm. jet)
ax[1]. set_title('RMS Wavefront aberration')
ax[1]. axis('off')

plt. show()
```

4.7　衍射光学元件

4.7.1　衍射透镜

从 4.6.1 节我们已经知道，透镜的作用是对光波场进行相位调制，使入射的平面波变为球面波。折射透镜通过玻璃折射率和透镜的几何形状实现这种等效相位延迟，但需要占据很大的空间体积和重量。如果存在一种光学元件恰好实现了这种等效相位延迟，那么可以大大缩小透镜的尺寸。衍射光学元件就是能够实现这种等效相位延迟功能的平面光学器件。

对于衍射透镜的相位函数

$$t(\xi, \eta) = \exp\left[-j\frac{k}{2f}(\xi^2 + \eta^2)\right] = \exp\left[-j\frac{2\pi}{\lambda}\frac{(\xi^2 + \eta^2)}{2f}\right]$$

其与微观高度函数 $h(\xi, \eta)$ 之间的关系为

$$t(\xi, \eta) = \frac{2\pi}{\lambda}(n-1)h(\xi, \eta)$$

式中，n 为衍射透镜折射率，λ 为波长，f 为透镜焦距，f' 为实际焦距。因此，只要加工出满足上述关系的微观结构，就可以实现平面透镜的功能。需要指出的是，衍射元件不局限于透镜的相位函数，还可以实现任意相位延迟功能，因此具有极强的灵活性。

4.7.2　色差

实际上，上述衍射透镜的高度函数只能对应一个波长，当照明波长不同于设计波长时，就会产生色差。对于设计波长为 λ、设计焦距为 f 的衍射透镜，当照明波长为 λ' 时，有如下关系式：

$$\frac{2\pi}{\lambda}\frac{(\xi^2+\eta^2)}{2f}=\frac{2\pi}{\lambda'}\frac{(\xi^2+\eta^2)}{2\lambda f/\lambda'}=\frac{2\pi}{\lambda'}\frac{(\xi^2+\eta^2)}{2f'}$$

因此，

$$f'=\frac{\lambda f}{\lambda'}$$

　　根据色差的定义可知，色差 $\Delta\Phi$ 的表达式为

$$\Delta\Phi=\Phi_F-\Phi_C=\lambda_d f_d\left(\frac{1}{\lambda_F}-\frac{1}{\lambda_C}\right)$$

因此，衍射透镜的阿贝（Abbe）数为

$$V_{DOE}=\frac{\Phi_d}{\Phi_F-\Phi_C}=\frac{\lambda_F-\lambda_C}{\lambda_d}=-3.45$$

式中，Φ_F 为蓝光光焦度，Φ_C 为红光光焦度，Φ_d 为绿光光焦度，λ_E 为蓝光波长，λ_C 为红光波长，λ_d 为衍射透镜波长，f_d 为衍射透镜焦距。

　　与普通玻璃材料相比，这是一个非常大的负色散。因此，与折射透镜相比，衍射透镜具有非常强烈的反向色散。根据色差校正原理可知，将折射透镜和衍射透镜联合使用可以有效减小系统的色差。

　　通常，在进行衍射透镜系统仿真时，我们希望直观地将色差反应到点扩散函数上，因此，需要考虑宽谱段照明时的点扩散函数形态。首先将高度函数作为媒介对不同波长照明时分别计算相位延迟函数，然后通过菲涅尔衍射传播得到像面处的复振幅。点扩散函数就是从得到的复振幅函数计算强度，即取复振幅函数的模值平方，代码实现如下：

```python
import numpy as np
import matplotlib.pyplot as plt

def circ(x, y):
    return (np.sqrt(x ** 2 + y ** 2) < 1.)

def Fresnel_TF(Uin, ds, wavelength, z):
    """
    Fresnel transfer function propagator with JAX.

    Uin is the optical field on the source plane.
    ds is the sampling interval in both x and y dimensions.
    z is the distance between source and observation planes.

    The function returns the field Uout on the observation plane.
    """
```

```
    M, N=Uin. shape
    # k=2 * np. pi/wavelength
    fx=np. fft. fftfreq(N, ds)
    fy=np. fft. fftfreq(M, ds)
    FX, FY=np. meshgrid(fx, fy)
    # the constant phase term onp. exp(1j * k * z) is omitted
    H=np. exp(-1j * np. pi * wavelength * z * (FX * FX+FY * FY))
    Uout=np. fft. ifftshift(np. fft. ifft2(H * np. fft. fft2(np. fft. fftshift(Uin))))
    return Uout


def phase2psf_FrTF(phase, AP, ds, wavelength, z):
    Uin=np. exp(1j * phase) * AP
    Uout=Fresnel_TF(Uin, ds, wavelength, z)
    return np. abs(Uout) * * 2


def specpsf_FrTF(height, wavelengths, refractive_indices, AP, ds, z):
    psfs=[]
    for w, n in zip(wavelengths, refractive_indices):
        phi=2 * np. pi/w * (n-1) * height
        psfs. append(phase2psf_FrTF(phi, AP, ds, w, z))
    return np. dstack(psfs)


# DOE lens parameters
lambda0=0. 55                    # design wavelength, um
n0=1. 46008                      # refractive index
lambda1=0. 4                     # wavelength range
lambda2=0. 7
dlambda=0. 01                    # wavelength sampling
f0=10e3                          # focal length at design wavelength, um
Fno=20
R=0. 5 * f0/Fno                  # lens radius
p_doe=1.                         # doe sampling, um
p_cmos=4.                        # pixel pitch, um
sratio=p_cmos / p_doe            # sampling ratio
M, N=1024, 1024                  # DOE size
pM, pN=M/sratio, N/sratio        # sensor size
```

```python
# DOE coordinates
x=p_doe * np.arange(-N//2, N//2, 1)
y=p_doe * np.arange(-M//2, M//2, 1)
X, Y=np.meshgrid(x, y)


# aperture
AP=circ(X/R, Y/R)


# phase
lens_phase=-2 * np.pi/lambda0 * (X * * 2+Y * * 2) / (2 * f0)
lens_phase=np.mod(lens_phase, 2 * np.pi) * AP
height=lens_phase * lambda0/(2 * np.pi * (n0-1.))


wavelengths=np.arange(0.4, 0.71, 0.01)
refractive_indices=np.array([1.47012, 1.46921, 1.4683, 1.46739, 1.46648,
                1.46557, 1.4649, 1.46423, 1.46356, 1.4629,
                1.46233, 1.46188, 1.46143, 1.46098, 1.46053,
                1.46008, 1.45969, 1.4593, 1.45891, 1.45851,
                1.45804, 1.45773, 1.45742, 1.45711, 1.45682,
                1.45653, 1.45628, 1.45603, 1.45579, 1.45554, 1.45529])


# spectral PSFs
PSFspec=specpsf_FrTF(height, wavelengths, refractive_indices, AP, p_doe, f0)
PSFspec=PSFspec / PSFspec.max()
PSFpan=np.sum(PSFspec, axis=-1)
PSFpan=PSFpan / PSFpan.max()


plt.figure(figsize=(15, 6))
ax1=plt.subplot(1, 2, 1)
h1=ax1.pcolormesh(X, Y, height)
ax1.axis('scaled')
ax1.set_title('height map')
ax2=plt.subplot(1, 2, 2)
ax2.pcolormesh(X, Y, PSFpan, cmap=plt.get_cmap('gray'))
ax2.axis('scaled')
ax2.set_title('panchromatic PSF')
```

```
im_ratio＝height. shape[0]/height. shape[1]
plt. colorbar(h1，ax＝ax1，fraction＝0. 047 * im_ratio)
plt. show()
```

衍射透镜的高度函数和宽谱段点扩散函数如图 4.34 所示。

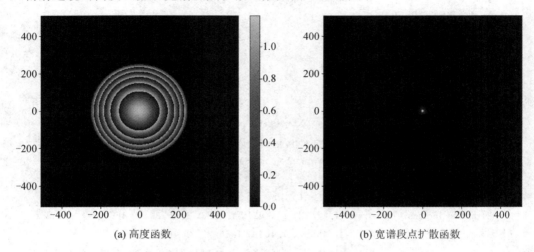

　　　　　　(a) 高度函数　　　　　　　　　　　　　　(b) 宽谱段点扩散函数

图 4.34　衍射透镜的高度函数及宽谱段点扩散函数

进一步查看不同谱段的点扩散函数的横切面曲线，代码实现如下：

```
width＝100
plt. figure(figsize＝(8，6))
plt. plot(x[N//2－width:N//2＋width]，PSFspec[M//2，N//2－width:N//2＋width，8]，'b'，
label＝'480 nm')
plt. plot(x[N//2－width:N//2＋width]，PSFspec[M//2，N//2－width:N//2＋width，15]，'g'，
label＝'550 nm')
plt. plot(x[N//2－width:N//2＋width]，PSFspec[M//2，N//2－width:N//2＋width，25]，'r'，
label＝'650 nm')
plt. plot(x[N//2－width:N//2＋width]，PSFpan[M//2，N//2－width:N//2＋width]，'k'，label
＝'panchromatic')
plt. title('spectral PSF')
plt. legend()
plt. show()
```

　　结果如图 4.35 所示。由图可见，由于强烈的色差存在，因此不同照明波长下的点扩散
函数强度分布差异巨大。宽谱段点扩散函数是各个谱段点扩散函数的波长积分，除具有一
个主峰外，其余能量分布在主峰附近的更大区域。这也是衍射透镜所拍摄的图像具有强烈
的色差模糊的主要原因。

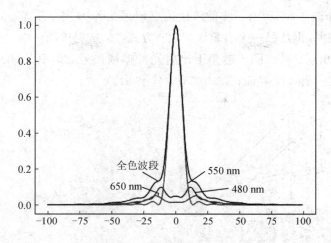

图 4.35 不同谱段的点扩散函数横切面对比

习　　题

1. 以杨氏双缝干涉实验为例,编写代码讨论如下问题:

(1) 在屏幕不同位置的干涉图样;

(2) 条纹间距和双缝间距的关系;

(3) 条纹形状和屏幕距离的关系。

2. 4.3.4 节介绍了偏振成像的基本原理,在此以斯托克斯矢量和穆勒矩阵运算为基础,进行偏振成像的仿真和可视化处理。

(1) 从四幅强度图像计算斯托克斯图像;

(2) 生成探测器采集的马赛克图像;

(3) 添加噪声;

(4) 彩色图像去马赛克(尺寸减半);

(5) 计算偏振度和偏振角;

(6) 用虚拟偏振片生成不同角度下的彩色图;

(7) 生成视频展示结果。

3. 根据偏振度、偏振角的定义和菲涅尔公式,计算空气/玻璃界面以及玻璃/空气界面发生反射和折射时,反射光波和透射光波的偏振度和偏振角。(注:在布鲁斯特角条件下,反射光线为完全线偏振光,即偏振度为1,此时的反射率是多少?)

4. 直角棱镜如图 4.36 所示，该直角棱镜有两种工作方式。方式一：从一个直角面入射，经过斜边面反射，再从另一个直角面出射；方式二：从斜边面入射，经过两个直角面反射后，再从斜边面出射。求不同入射角下出射光的振幅出射比和强度出射比，并画图给出结果。（提示：方式一有 3 个界面；方式二有 4 个界面。）

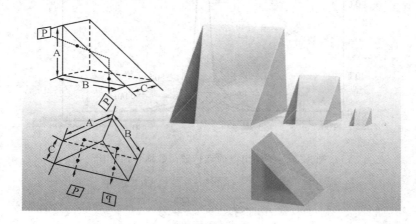

图 4.36　题 4 图

5. 自拟参数，完成 4.6.1 节中从物面到像面的成像过程仿真，并讨论不同物面位置对像面强度的影响。

6. James Webb 望远镜是迄今为止最大的地外望远镜（优于 Hubble 望远镜），如图 4.37 所示，它由 18 块边长为 1.32 m 的正六边形反射镜拼接而成，焦距 131.4 m，求该望远镜的振幅传递函数和光学传递函数。

图 4.37　题 6 图

参 考 文 献

［1］　季家镕. 高等光学教程：光学的基本电磁理论［M］. 北京：科学出版社，2007.

［2］　COLLETT E. Field guide to polarization［M］. Washington：SPIE Press，2005.

［3］　QIU S，FU Q，WANG C，et al. Polarization demosaicking for monochrome and color polarization focal plane arrays［J］. Vision Modeling and Visualization，2019，1(10)：2312.

［4］　GOODMAN JW. Introduction to fourier optics ［M］. 3rd ed. London ：Roberts & Company Publishers，2004.

［5］　BLANCHE P A. Optical holography：materials，theory and applications［M］. Amsterdam：Elsevier，2019.

［6］　THIBOS LN，APPLEGATE R A，SCHWIEGERLING J T，et al. Standards for reporting the optical aberrations of eyes［J］. Journal of refractive surgery，2002，18(5)：S652 − S660.

［7］　LAKSHMINARAYANAN V，FLECK A. Zernike polynomials：a guide［J］. Journal of Modern Optics，2011，58(7)：545 − 561.

［8］　NOLL，ROBERT J. Zernike polynomials and atmospheric turbulence［J］. J. opt. soc. am，1976，66(3)：207 − 211.